Speicherbedarf bei einer Stromversorgung mit erneuerbaren Energien

Matthias Popp

Speicherbedarf bei einer Stromversorgung mit erneuerbaren Energien

 Springer

Dipl. Ing. Matthias Popp
Burgstraße 19
95632 Wunsiedel
Deutschland
www.poppware.de
matthias.popp@t-online.de

ISBN 978-3-642-01926-5   e-ISBN 978-3-642-01927-2
DOI 10.1007/978-3-642-01927-2
Springer Heidelberg Dordrecht London New York

© Springer-Verlag Berlin Heidelberg 2010
Dieses Werk ist urheberrechtlich geschützt. Die dadurch begründeten Rechte, insbesondere die der Übersetzung, des Nachdrucks, des Vortrags, der Entnahme von Abbildungen und Tabellen, der Funksendung, der Mikroverfilmung oder der Vervielfältigung auf anderen Wegen und der Speicherung in Datenverarbeitungsanlagen, bleiben, auch bei nur auszugsweiser Verwertung, vorbehalten. Eine Vervielfältigung dieses Werkes oder von Teilen dieses Werkes ist auch im Einzelfall nur in den Grenzen der gesetzlichen Bestimmungen des Urheberrechtsgesetzes der Bundesrepublik Deutschland vom 9. September 1965 in der jeweils geltenden Fassung zulässig. Sie ist grundsätzlich vergütungspflichtig. Zuwiderhandlungen unterliegen den Strafbestimmungen des Urheberrechtsgesetzes.
Die Wiedergabe von Gebrauchsnamen, Handelsnamen, Warenbezeichnungen usw. in diesem Werk berechtigt auch ohne besondere Kennzeichnung nicht zu der Annahme, dass solche Namen im Sinne der Warenzeichen- und Markenschutz-Gesetzgebung als frei zu betrachten wären und daher von jedermann benutzt werden dürften.

Einbandentwurf: eStudio Calamar S.L.

Gedruckt auf säurefreiem Papier

Springer ist Teil der Fachverlagsgruppe Springer Science+Business Media (www.springer.com)

Vorwort

Bei einem Flug über meine Fichtelgebirgsheimat, im Dezember 2007 stellte ich mit dem Burgstein und dem Röslautal eine Geländesituation fest, die sich für die Errichtung eines Pumpspeichers eignen könnte. Nach einigen Berechnungen war klar, dass dieser Standort vergleichbare Gegebenheiten, wie existierende Anlagen aufweist und dass er zu den größeren Pumpspeicherkraftwerken Deutschlands zählen könnte. Diese Erkenntnis löste in etwas ausgearbeiteter Form in der kommunalen Politik zunächst zustimmendes Interesse und kurz darauf in der Öffentlichkeit heftige Diskussionen aus. Dabei konnte festgestellt werden, dass die Aufgabe und die Bedeutung von Energiespeichern vielen Diskussionsteilnehmern nicht bekannt ist. Eine große Behördenanhörung ergab, dass zur Umsetzung so eines Vorhabens große Hürden bestehen. Im Januar 2009 schrieb ich dazu dem bayerischen Staatsminister Dr. Söder für Umwelt und Gesundheit:

...
Der Stadtrat von Wunsiedel fasste am Donnerstag, den 29.01.2009, auch mit meiner Stimme den Beschluss, das Wunsiedler See Projekt nicht weiter zu verfolgen. Möglicherweise wurde damit eine Chance für ein Musterprojekt vergeben, bei dem nachhaltige Energiewirtschaft mit innovativen ökologischen Ansätzen und Freizeitnutzung vereint worden wären.
Die Schaffung von Energiespeichern wird eine bedeutende Herausforderung dieses Jahrhunderts sein, die unser Gemeinwesen meistern wird, wenn der Wille der staatlichen Verantwortungsträger dahinter steht. Das Erneuerbare Energien Gesetz sorgt erfolgreich für die Schaffung von Erzeugungskapazität. Speicher sind notwendig, damit diese volatil erzeugten Energien bedarfsgerecht zur Verfügung gestellt werden können. Mit unseren derzeitigen EEG-Regelungen wird leider nur die Hälfte von dem getan, was für eine nachhaltige regenerative Energieversorgung notwendig ist.
Da geeignete Speicherstandorte in unserem Land nicht vermehrbar sind, halte ich es für meine Verantwortung, ihnen dazu meine nachfolgende Bewertung zur Verfügung zu stellen:

...
Das Wunsiedler See Projekt wurde sehr lange und kontrovers öffentlich diskutiert. Eine groß angelegte Behördenanhörung (Scoping) zeigte den rechtlichen Rahmen auf, der bei Umsetzung so eines Projektes zu beachten wäre.
Die Bewertung des Scopingprotokolls durch ein international anerkanntes Planungsbüro ergab:
„dass die Aussichten für eine erfolgreiche Planrechtfertigung als gering eingestuft

werden".

Die durch das Behördenscoping aufgegebenen Anforderungen an eine Planrechtfertigung mit Nachweis der Alternativlosigkeit des Standortes, können durch eine Stadt nicht geleistet werden.

Grundsätzlich ist die Aufstellung energiewirtschaftlicher Rahmenbedingungen zur Interessenabwägung zwischen Naturschutz, Wasserwirtschaft, weiteren Rechtsgütern und dem Klimaschutz sowie dem nachhaltigen Umgang mit Energierohstoffen, die Aufgabe der Länder, des Bundes und der europäischen Ebene.

Wenn dieser rechtliche Rahmen zum heutigen Zeitpunkt, nach Darstellung der für uns zuständigen Vertreter öffentlicher Belange, so austariert ist, dass dem kleinräumigen Natur- und Landschaftsschutz ein gewichtiger Vorrang eingeräumt wird, vor energiewirtschaftlichen Projekten, die dem Klimaschutz dienen, dann kann es nicht Aufgabe einer Kommune sein, einen gegenteiligen Nachweis zu führen.

Allgemein bekannt ist, dass die derzeit verfolgten energiewirtschaftlichen Ziele der Bundesrepublik Deutschland, Energiespeicher in erheblichem Umfang erfordern.

Um Qualität und Eignung eines denkbaren Energiespeichers, im Sinne einer umfassenden Planrechtfertigung einordnen zu können, wäre eine systematische Analyse aller in Frage kommenden Standorte Deutschlands oder sogar darüber hinaus notwendig. Gäbe es diese Studie, dann würde sich eine Planrechtfertigung für einen Standort aus dem Rang, den er in dieser Liste hat, ableiten. Die Erstellung dieser Liste kann aber nicht Aufgabe einer Stadt sein, sondern gehört auf höherer Ebene verankert.

Sollte das für die Versorgungssicherheit unseres Landes wichtige Thema der Energiespeicherung in Zukunft von den zuständigen politischen Ebenen aufgegriffen, der Kapazitätsbedarf ermittelt und so eine Untersuchung durchgeführt werden, dann kann die Bewertung eines Standortes unter anderen Vorzeichen stattfinden.

Ich bitte alle Verantwortungsträger in Politik, Verwaltung, Wissenschaft, Lehre und Verbänden, auf Rahmenbedingungen hinzuwirken, die zukünftige rechtliche Würdigungen von Speicherstandorten so ermöglichen, dass auch die Notwendigkeiten der zukünftigen Versorgungssicherheit unseres Landes, des Klimaschutzes und einer nachhaltigen Energieträgernutzung beachtet werden.

...

Bei meinen nachfolgenden Recherchen zum Speicherbedarf stellte ich fest, dass dazu keine, zur Beantwortung der aufgeworfenen Frage geeigneten Veröffentlichungen aufzufinden sind. Allerdings gab es bei den Übertragungsnetzbetreibern im Internet veröffentlichte Zeitreihen zur tatsächlichen Einspeisung von Windenergie in deren Regelzonen. Auf Basis dieser Daten und mit Daten zur installierten Leistung von Windenergieanlagen vom Institut für solare Energieversorgungstechnik der Uni Kassel gelang es, den Ausgleichsbedarf, den der Windstrom in Deutschland erfordern würde, zu ermitteln. Aus diesen Ansätzen entstand der Entwurf eines Buches und in der Folge die vorliegende Dissertation.

Möge sie dazu beitragen, die rechtlichen Rahmenbedingungen bei zukünftigen Bewertungen von Standorten von Energiespeichern auch an den großen Zielen der zukünftigen Energieversorgung zu orientieren.

Wunsiedel im Juli 2010

Matthias Popp

Speicherbedarf bei einer Stromversorgung mit erneuerbaren Energien

Von der Fakultät für Maschinenbau
der Technischen Universität Carolo-Wilhelmina zu Braunschweig

zur Erlangung der Würde
eines Doktor-Ingenieurs (Dr.-Ing.)

genehmigte Dissertation

von:	Dipl.-Ing. Matthias Popp,
aus (Geburtsort):	Schönbrunn bei Wunsiedel
eingereicht am:	20. April 2010
mündliche Prüfung am:	09. Juli 2010
Referenten:	Prof. Dr. techn. Reinhard Leithner, Technische Universität Braunschweig
	Prof. Dr. rer. nat. Jürgen Parisi, Universität Oldenburg
	Prof. Dr.-Ing. Hermann-Josef Wagner, Ruhr-Universität Bochum
Vorsitzender:	Prof. Dr.-Ing. Günter Kosyna, Technische Universität Braunschweig

2010

Inhaltsverzeichnis

Vorwort V

Dissertation VIII

Inhaltsverzeichnis IX

Kapitel 1 - Einleitung und Zielsetzung 1

Kapitel 2 - Bausteine einer erneuerbaren Stromversorgung 3

    2.1 Strombedarf 3

    2.2 Windenergie 5

        2.2.1 Benutzungsgrad von Windenergieanlagen 15

        2.2.2 Ladungsabweichung der Windenergie in Europa 19

    2.3 Solarenergie 24

    2.4 Kombination von Wind- und Solarenergie 34

    2.5 Biomasse zur Stromerzeugung 35

    2.6 Weitere erneuerbare Energien 37

        2.6.1 Wasserenergie aus Fließgewässern 37

        2.6.2 Wasserenergie aus Wellenenergie 38

        2.6.3 Wasserenergie aus Gezeitenkraftwerken 38

        2.6.4 Geothermie 39

        2.6.5 Aufwindkraftwerke 39

        2.6.6 Fallwindkraftwerke 39

    2.7 Energiespeicher für die Stromwirtschaft 40

2.7.1 Pumpspeicherkraftwerke 42

    2.7.1.1 Ringwallspeicher 46

2.7.2 Druckluftkavernenspeicher 54

2.7.3 Wasserstofftechnologie 55

2.7.4 Chemische Speicher 56

2.8 Stromexport, -Import und Prioritätsregeln 57

    2.8.1 Speicherpriorität 58

    2.8.2 Exportpriorität 60

    2.8.3 Speicherpriorität und Exportpriorität im Vergleich 61

    2.8.4 Fernübertragung elektrischer Leistung 62

2.9 Zusammenfassung zu den Bausteinen 64

Kapitel 3 - Ausgleich ohne Stromspeicher 67

    3.1 Ausgleich von Windenergie innerhalb Deutschlands 67

    3.2 Ausgleich durch kontinentale Stromnetze 69

Kapitel 4 - Ausgleich volatiler Erzeugung mit Speichern 83

    4.1 Volatile Stromerzeugung und Speicherbedarf 83

        4.1.1 Windstromeinspeisung in Deutschland und Speicherbedarf 83

    4.2 Grundszenarien zum Speicherbedarf in Europa 87

        4.2.1 Analyse der Speichernutzung 99

    4.3 Kombinationen von Wind- und Solarenergie 105

        4.3.1 Strategie zur Auffindung eines niedrigen Speicherbedarfs 106

        4.3.2 Speichernutzung bei der Kombination von Wind- und Solarenergie 108

4.4 Erzeugungsreserve und Speicherbedarf 111

    4.4.1 Erzeugungsreserve bei Windenergie mit 50% Benutzungsgrad 111

        4.4.1.1 Speicherladeleistung begrenzt, Fernübertragung nach Bedarf .. 111

        4.4.1.2 Speicherladeleistung nach Bedarf, Fernübertragungleistung begrenzt 113

        4.4.1.3 Speicherladeleistung und Fernübertragungsleistung begrenzt .. 115

    4.4.2 Erzeugungsreserve bei Kombination von Wind- und Solarenergie .. 117

4.5 Einfluss von Speicherwirkungsgrad und Prioritätsregeln 118

    4.5.1 Windenergie bei niedrigem Speicherwirkungsgrad 119

        4.5.1.1 Verbundnetz mit Windenergie bei Speicherpriorität 119

        4.5.1.2 Verbundnetz mit Windenergie bei Exportpriorität 122

    4.5.2 Volatile Kombination und Speicherwirkungsgrad 125

    4.5.3 Leistungsinfrastruktur bei Speichern niedrigen Wirkungsgrads 127

4.6 Einfluss des Fernübertragungswirkungsgrads 128

4.7 Zusammenfassung zum Speicherbedarf 130

Kapitel 5 - Zusammenfassung 133

    5.1 Was ist neu zum Stand der Technik? 133

    5.2 Ergebniszusammenfassung 135

    5.3 Schlussbemerkung 137

Danksagungen 139

Literatur 141

Anhang 145

A Durchschnittsbezogene Leistung 145

B Ladung 145

C Leistungs- und Ladungsabweichung 146

D Datenaufbereitung, Simulation und Optimierung 147

E Kombinationen aus Wind- und Solarenergie 152

Sachverzeichnis 157

Kapitel 1 - Einleitung und Zielsetzung

Die Energie, die aus Wind und einstrahlender Sonne zur Stromerzeugung abgegriffen werden müsste, ist ein Bruchteil des natürlich vorhandenen Dargebots. Sie würde ausreichen, um alle Menschen dieser Erde, nachhaltig mit elektrischer Energie zu versorgen.

Bei einer Elektrizitätsversorgung, die ihre Leistung der Wetterlage entsprechend bereit stellt, ist es eine besondere Herausforderung, Erzeugung und Verbrauch in Übereinstimmung zu bringen. Das kann über Speicherkraftwerke erfolgen, die nicht verbrauchte Energie in Zeiten der Überproduktion aufnehmen und in Flautezeiten wieder abgeben. Es ginge auch mit einem zusätzlichen Kraftwerkspark, der bei Flauten jederzeit die fehlende Energie liefern kann, während andererseits temporär auftretende Überangebote volatiler Energie nicht genutzt würden. Als Energieträger derartiger Ausgleichskraftwerke könnte Biomasse eingesetzt werden, wenn dies nachhaltig geschehen soll. Ein viele Länder übergreifender Verbund nationaler Stromnetze ermöglicht einen weiteren Ausgleich zwischen Regionen mit temporärer Überproduktion und Mangel.

Zielsetzung dieser Dissertation ist deshalb die Ermittlung des notwendigen Speicherbedarfs bei Annahme einer Deckung des Strombedarfs zu 100% aus fluktuierender erneuerbarer Wind- und Sonnenenergie. Dabei wird als Option auch eine stärkere internationale Vernetzung der Stromerzeugung als bisher unterstellt.

Von einer zuverlässigen Stromversorgung, wird erwartet, dass sie die Nachfrage jederzeit befriedigen kann. Unter der Vorgabe einer jederzeit möglichen Bedarfsdeckung stehen die „Stellschrauben", an denen bei einer erneuerbaren Stromversorgung „gedreht" werden kann, in einer erheblichen Wechselwirkung.

Der Bodenflächenbedarf in Bezug auf die Gesamtfläche des Kontinents bewegt sich zwischen dem Promille-Bereich wenn auf den Anbau von Biomasse verzichtet wird und Prozentanteilen, welche die landwirtschaftlichen Flächen zur Lebensmittelproduktion übertreffen, wenn ein hoher Anteil der Gesamterzeugung aus Biomasse kommen soll. Weil die Windenergieumwandlung in der Höhe stattfindet, ist der reine Bodenflächenverbrauch von Windenergieanlagen inklusive Zufahrten und Befestigungsflächen sehr gering. Er läge bei deutlich weniger als einem tausendstel der europäischen Gesamtfläche. Wahrnehmbar sind diese Anlagen jedoch in viel stärkerem Ausmaß, als es der Landverbrauch vermuten ließe.

Bei einer Nutzung von Dachflächen würde beim Einsatz von Fotovoltaik kein zusätzlicher Landverbrauch eintreten. Der Flächenbedarf zur Gewinnung elektrischer Energie aus Fotovoltaikanlagen dürfte deutlich niedriger sein, als der mit Dachflächen überbaute Anteil der Landesflächen.

Die vorgenommenen Untersuchungen zum Ausgleichs- und Speicherbedarf beruhen auf Zeitreihen

1. der tatsächlichen Einspeisung von Windenergie in das deutsche Stromnetz,
2. der Einspeisung von Solarenergie in das deutsche Stromnetz,
3. der Windgeschwindigkeiten in 100 Metern über Grund für Europa zu Gebieten eines 90 Kilometer Rasters aus Reanalysedaten über 39 Jahre,
4. der Globalstrahlung in den urbanen Zentren Europas aus Satellitenmessungen über 13 Jahre und
5. der Lastverläufe in den Stromnetzen der europäischen Länder.

Vom Autor zu diesem Zweck entwickelte Simulationsprogramme ermöglichen es, auf der Grundlage dieser Daten, den Ausgleichs- und Speicherbedarf einer vollständig regenerativen Stromversorgung zu bestimmen.

Das Kapitel 2 *„Bausteine einer Erneuerbaren Stromversorgung"* führt in Begriffe, verwendete Methoden, den Stand der Technik und in Überlegungen zur Realisierung großer Speicher ein. Kapitel 3 *„Ausgleich ohne Stromspeicher"* untersucht, wie eine zuverlässige erneuerbare Stromversorgung ohne den Einsatz großer Speicher aussehen könnte. Kapitel 4 *„Ausgleich volatiler Erzeugung mit Speichern"* setzt sich mit der großen Palette von Möglichkeiten auseinander, um allein mit Wind-, Solar- und Speicherkraftwerken eine sichere Stromversorgung darzustellen.

Kapitel 2 - Bausteine einer erneuerbaren Stromversorgung

Dieses Kapitel erläutert den Stand der Technik und die Grundlagen, auf deren Basis in den weiteren Kapiteln der Ausgleichs- und Speicherbedarf berechnet wird.

2.1 Strombedarf

Ähnlich wie die Stromerzeugung aus Wind und Sonne kann die Nachfrage nach Strom nicht exakt vorhergesagt werden. Aus der Vergangenheit kennt man den zeitlichen Verlauf des Strombedarfs. Als Lastgänge für die Untersuchungen wurden die Zeitreihen verwendet, die der ETSO Verbund auf der Internetplattform www.etsovista.com veröffentlicht. Unter „Publications", „NTC-Values", „Data Portal CE", „Consumption" steht ein umfassendes Angebot von Stromverbrauchsdaten europäischer Länder zur Verfügung. „Hourly load values" enthält die verwendeten Zeitreihen europäischer Länder, die für die Simulationsrechnungen der durchgeführten Untersuchungen aufbereitet und eingesetzt wurden [ETSO2]. Die ebenfalls auf dem Internetportal abrufbaren vertikalen Lasten[1] wurden bei den europäischen Ländern verwendet, für die keine Verbrauchsdaten veröffentlicht wurden [ETSO3].

Der jährliche Stromverbrauch der einzelnen europäischen Länder des ETSO Verbunds wurde ebenfalls, soweit verfügbar, den UTCE-Berichten und weiteren Veröffentlichungen dieses Portals entnommen [ETSO4]. Fehlende Angaben einzelner Länder wurden den im Internet veröffentlichten nationalen Statistiken entnommen. Tabelle 2.1 gibt einen Überblick der in die Untersuchungen einbezogenen Länder mit dem Stromverbrauch im Jahr 2008, der sich daraus ergebenden mittleren elektrischen Leistung und dem Anteil, den dieses Land am gesamten Stromverbrauch des ETSO-Verbundes hat.

---

[1] Unter der vertikalen Last versteht man die vorzeichenrichtige Summe aller Übergaben aus dem Übertragungsnetz über direkt angeschlossene Transformatoren und Leitungen zu Verteilnetzen und Endverbrauchern. (Quelle:
http://www.enbw.com/content/de/netznutzer/strom/netzkennzahlen/vertikale_netzlast/index.jsp, Zugriff am 21.12.2009)

Tabelle 2.1. Stromverbrauchsdaten der europäischen Länder des ETSO Verbundes. LK: Landeskurzzeichen, SV08: Stromverbrauch im Jahr 2008 in Terawattstunden, Pm08: im Jahresdurchschnitt verbrauchte Leistung in Megawatt, Anteil: prozentualer Anteil am sich ergebenden Gesamtverbrauch der im ETSO-Verbund zusammengeschlossenen Länder Europas.

LK	Land	SV08 [TWh]	Pm08 [MW]	Anteil
AL	Albanien	3,6	412	0,105%
AT	Österreich	68,4	7.808	1,990%
BA	Bosnien	11,6	1.324	0,337%
BE	Belgien	89,5	10.217	2,603%
BG	Bulgarien	34,5	3.938	1,004%
CH	Schweiz	64,4	7.352	1,873%
CY	Zypern	4,9	559	0,143%
CZ	Tschechien	65,1	7.432	1,894%
DE	Deutschland	557,2	63.607	16,207%
DK	Dänemark	36,1	4.121	1,050%
EE	Estland	8,0	917	0,234%
ES	Spanien	274,1	31.290	7,973%
FI	Finnland	87,0	9.932	2,531%
FR	Frankreich	494,5	56.450	14,384%
GR	Griechenland	56,3	6.427	1,638%
HR	Kroatien	17,9	2.043	0,521%
HU	Ungarn	38,9	4.441	1,131%
IE	Irland	26,8	3.058	0,779%
IT	Italien	337,6	38.539	9,820%
LT	Litauen	11,5	1.312	0,334%
LU	Luxemburg	6,7	765	0,195%
LV	Lettland	7,6	864	0,220%
ME	Montenegro	4,6	525	0,134%
MK	Mazedonien	8,6	982	0,250%
NL	Niederlande	120,3	13.733	3,499%
NO	Norwegen	128,9	14.715	3,749%
PL	Polen	142,9	16.313	4,157%
PT	Portugal	52,2	5.959	1,518%
RO	Rumänien	55,2	6.301	1,606%
RS	Serbien	39,0	4.452	1,134%

Tabelle 2.1. Fortsetzung

LK	Land	SV08 [TWh]	Pm08 [MW]	Anteil
SE	Schweden	144,1	16.450	4,191%
SI	Slowenien	12,7	1.450	0,369%
SK	Slowakei	27,6	3.151	0,803%
UK	Großbritannien	399,6	45.619	11,624%
EU	ETSO gesamt	3437,9	392.456	100,00%

2.2 Windenergie

Die Nutzung der Windenergie entwickelt sich zur tragenden Säule einer erneuerbaren Stromversorgung Europas. Windenergie kann unter den erneuerbaren Energieressourcen am kostengünstigsten in Elektrizität umgewandelt werden, steht in allen Ländern zur Verfügung und sie liefert im Gang der Jahreszeiten dann die meiste Energie, wenn auch die Stromnachfrage am größten ist.

Die Windenergieeinspeisung einzelner Anlagen ist, wie der örtlich anzutreffende Wind, erheblichen Schwankungen unterworfen und bewegt sich zwischen null und einhundert Prozent der Leistung, die ein Windrad abgeben kann. Eine Vergleichmäßigung dieses volatilen Einspeiseverhaltens wird im Stromnetz durch den gleichzeitigen Betrieb zehntausender über das Land verteilter Anlagen erreicht. Aber auch damit ist der eingespeiste Windstrom noch weit von einer gleichmäßigen oder an der Nachfrage orientierten Leistungsentfaltung entfernt. Für die Jahre 2005 bis 2008 stehen vom Institut für solare Energieversorgungstechnik e.V. (ISET) der Universität Kassel Aufzeichnungen zur stündlichen tatsächlichen Windstromeinspeisung, kombiniert mit der installierten Leistung der aufgebauten Windenergieanlagen in der Bundesrepublik Deutschland zur Verfügung. Die Abbildung 2.1 zeigt, wie die abgegebene Leistung in Bezug auf die installierte Leistung während des Jahres 2005 ins Stromnetz eingespeist wurde. Zusätzlich eingezeichnet sind die Durchschnittsleistung und im Vergleich dazu die monatsdurchschnittliche Stromnachfrage. Gut zu erkennen ist, dass die Windstromeinspeisung landesweit nie 100% der installierten Leistung erreicht und ebenso kaum vollständig zum Erliegen kommt.

6   Kapitel 2 - Bausteine einer erneuerbaren Stromversorgung

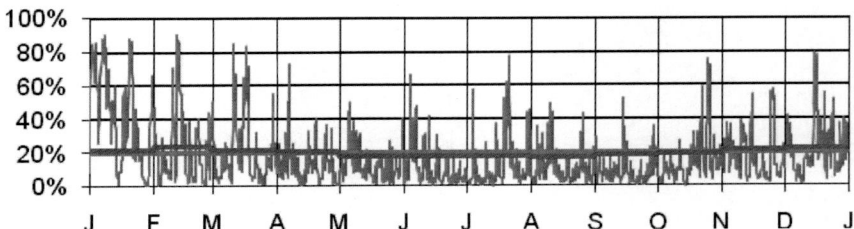

Abb. 2.1. Tatsächliche Windstromeinspeisung in der Bundesrepublik Deutschland im Jahr 2005 bezogen auf die installierte Leistung (blau). Im Durchschnitt abgegebene Leistung (rosa). 100% entspricht der zum jeweiligen Zeitpunkt installierten Nennleistung der Windkraftanlagen. Mit der Durchschnittsleistung vergleichender Verlauf der durchschnittlichen monatlichen Stromnachfrage (lila). (Quelle: eigene Berechnung, Datenbasis: ISET)

Die für Deutschland verfügbaren tatsächlichen Windstromeinspeisungsdaten bilden eine hervorragende Grundlage zur Überprüfung von berechneten Einspeiseleistungen aus Windgeschwindigkeiten auf der Basis von Daten eines digitalen europäischen Windatlasses.

Abb. 2.2. Rasterpunkte des vom Windatlas für Europa abgedeckten Gebiets. (Quelle: anemos Gesellschaft für Umweltmeteorologie mbH)

Das NCEP/NCAR Reanalyseprojekt der NOAA/ESRL Physical Sciences Devision [NOAA1] verfügt über globale Aufzeichnungen der Windgeschwindigkeit über viele Höhenschichten in hoher zeitlicher und räumlicher Auflösung. Die „anemos Gesellschaft für Umweltmeteorologie mbH" [ANEM1] (abgekürzt: Anemos) entwickelt daraus datenbasierende Windatlanten, aus denen für alle Rasterpunkte des vom Atlas untersuchten Gebietes, Zeitreihen der Windgeschwindigkeit abgerufen werden können. Der Windatlas für Europa ermöglicht es in einem Raster von ca. 90 x 90 Kilometern, für alle Gebiete des Kontinents, **reale Zeitreihen** der Windgeschwindigkeit in z.B. 100 Metern über der mittleren Geländehöhe, in Form von Dreistundenmittelwerten abzurufen. Abb. 2.2 zeigt das Gebiet, welches der Windatlas für Europa abdeckt.

In Abbildung 2.3 sind dazu die mittleren Windgeschwindigkeiten in 100 Metern über Grund von 1990 bis 2006 zu sehen.

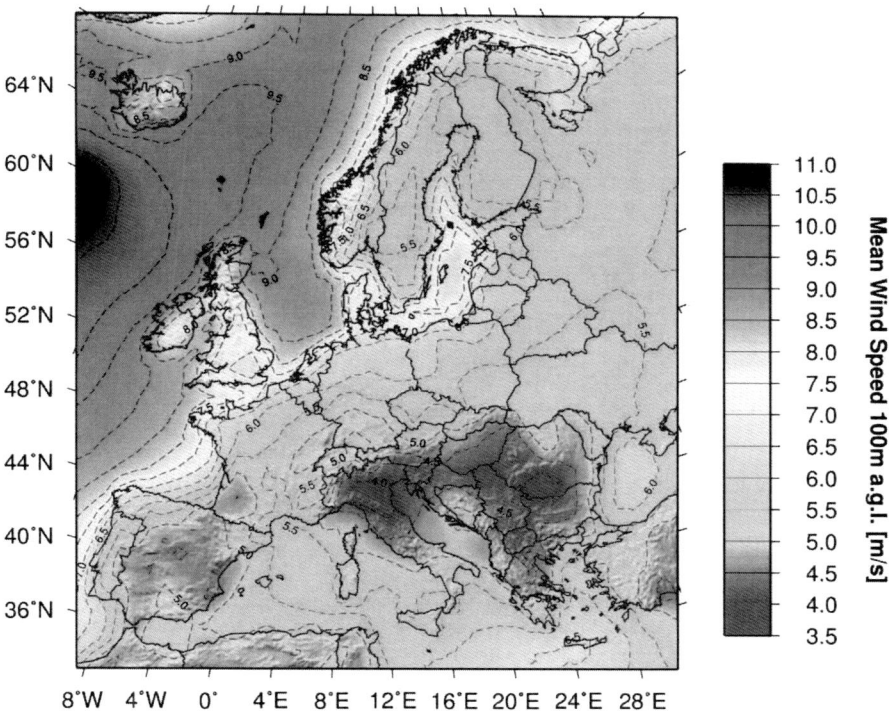

Abb. 2.3. Mittlere Windgeschwindigkeit zwischen 1990 und 2006 in 100 Metern Höhe über Grund in den Rastergebieten des Windatlas für Europa. (Quelle: anemos Gesellschaft für Umweltmeteorologie mbH)

Die Drei-Stunden-Mittelwerte der Windgeschwindigkeit an den Rasterpunkten dieses Atlasses berücksichtigen die durchschnittliche Auswirkung des globalen

Wettergeschehens auf einen für das Gebiet repräsentativen Punkt. Handelt es sich um ein von der Geländebeschaffenheit homogenes Gebiet ohne große Höhenunterschiede und Hindernisse, dann ist in hohem Maße davon auszugehen, dass die tatsächlich vorgelegene mittlere Windgeschwindigkeit mit derjenigen, die dieser Atlas ausgibt, übereinstimmt. Davon kann insbesondere über dem Meer ausgegangen werden. Je rauer und gebirgiger ein Gebiet ist, desto mehr wird die an konkreten Stellen vorgelegene Windgeschwindigkeit von dem Mittelwert, den dieser Atlas ausgibt, abweichen. So ist z.B. auf Höhenzügen ein stärkerer Wind als in Tallagen zu erwarten. Diese kleinräumigen Unterschiede sind bei einem groben 90 x 90 Kilometer Raster nicht mehr erkennbar. Eine Folge davon ist, dass viele gebirgige Regionen Europas in dieser Darstellung den Anschein erwecken, keine guten Standorte für Windenergieanlagen zu besitzen. Die Firma Anemos bietet dafür auch Windatlanten mit sehr viel kleinerer räumlicher und zeitlicher Auflösung. Daraus lässt sich erkennen, dass auch dort, wo das grobe Raster niedrige Windgeschwindigkeiten anzeigt, kleinräumige Zonen existieren, an denen durchschnittlich höhere Windgeschwindigkeiten angetroffen werden.

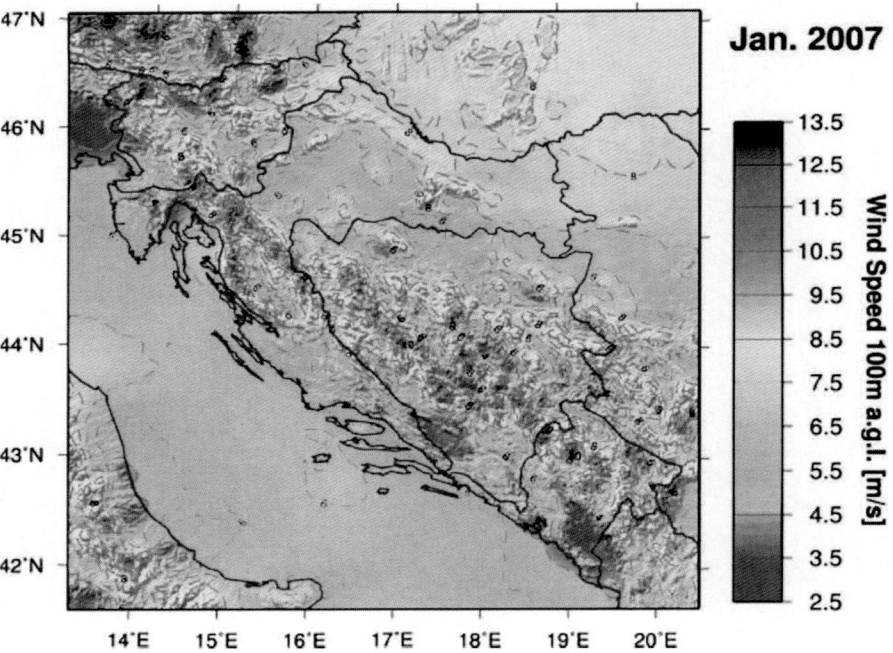

Abb. 2.4. Mittlere Windgeschwindigkeit im Januar 2007 in 100 Metern Höhe über Grund in einem 5 x 5 Kilometer Raster einer gebirgigen Region östlich der Adria. (Quelle: anemos Gesellschaft für Umweltmeteorologie mbH)

Zur Verdeutlichung dient die in einem 5 x 5 Kilometer Raster hoch aufgelöste Situation in Abbildung 2.4 für die östlichen Adria-Anrainer im Januar 2007 [ANEM2]. Dieses Bild verdeutlicht, dass beim genauen Hinsehen gute Standorte für Windenergieanlagen auch dort angetroffen werden können, wo es der grobe Windatlas für Europa nicht erwarten lässt.

Zur Umrechnung von Windgeschwindigkeiten auf die Leistungen von Windenergieanlagen wird auf die einschlägige Literatur verwiesen (z.B. [QUAS1], [STRA1] oder [ZAHO1]). Die totale Windleistung ist proportional zur dritten Potenz der Windgeschwindigkeit. Physikalisch kann aus dieser Leistung nach Betz maximal $^{16}/_{27} \approx 59\%$ abgegriffen werden. Technisch gelingt es mit Windenergieanlagen in einem optimierten Betriebsbereich zwischen 40% und etwas über 50% der totalen Windleistung abzugreifen, die den Rotorquerschnitt durchströmt. Diese von der Windgeschwindigkeit abhängige Größe wird als Leistungsbeiwert bezeichnet.

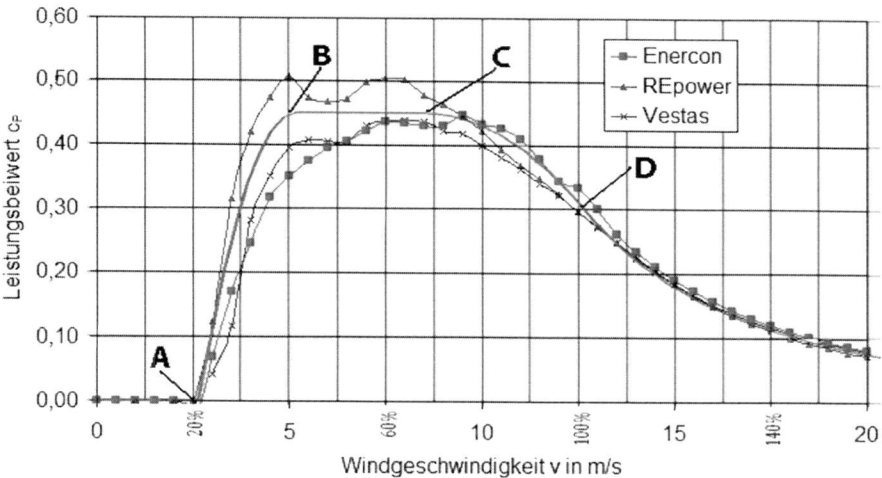

Abb. 2.5. Leistungsbeiwert c_P als Funktion der Windgeschwindigkeit für drei verschiedene Windenergieanlagen der 600 kW-Klasse: Enercon E-40, REpower 48/600 und Vestas V47/660. Die Grafik ist überlagert mit einer vom Autor entworfene Modellkennlinie die Grundlage der vorgenommenen Berechnungen ist. Die an dieser Modellkennlinie gekennzeichneten Punkte haben folgende Bedeutung: A – Einschaltwindgeschwindigkeit, B – Beginn des Windgeschwindigkeitsbereichs mit hohem Leistungsbeiwert, C - Beginn des Windgeschwindigkeitsbereichs mit abnehmenden Leistungsbeiwert, D – Windgeschwindigkeit, ab der die maximale Leistung (Nennleistung) erreicht wird. (Quelle: R. Gasch; J. Twele: „Windkraftanlagen", 6. Auflage, Teubner Verlag, Wiesbaden, 2009)

Für die hier vorgenommen Untersuchungen wird eine Leistungskennlinie verwendet, die sich an realen Anlagen orientiert, die der Bundesverband Windenergie e.V. (BWE) auf seiner Internetseite veröffentlicht (www.windenergie.de/de/technik/physik-der-windenergie/leistungsbeiwert/) [BWE1].Die vom Autor dazwischen gelegte Modellkennlinie in Abbildung 2.5 ist so parametrisiert, dass der Punkt D, an dem die Nennleistung erreicht wird, variiert werden kann. Damit ist es möglich, Anlagencharakteristiken zu simulieren, deren optimaler Arbeitsbereich auf andere Windgeschwindigkeiten abgestimmt ist, als bei den gezeigten konkreten Typen von Windenergieanlagen.

Abbildung 2.6 zeigt, wie sich eine Variation der Nennleistungswindgeschwindigkeit V_{NL}, die am Punkt D erreicht wird, auf das Umwandlungsvermögen einer Windenergieanlage im Leistungsdiagramm auswirkt. Gut erkennbar ist in dem Diagramm, wie ab der Nennleistungswindgeschwindigkeit dafür gesorgt wird, dass keine weitere Leistungssteigerung erfolgt. Das passiert in der Regel durch Veränderung des Anstellwinkels der Rotorblätter, so dass keine Überlastung der verwendeten Komponenten wie Getriebe und Generator erfolgt.

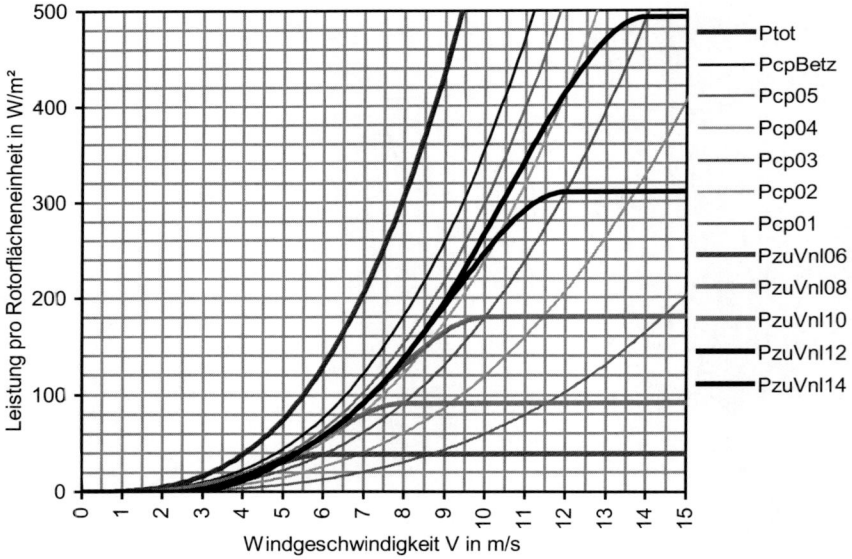

Abb. 2.6. Auf den Rotorquerschnitt bezogene Leistungen von Windenergieanlagen als Funktion der Windgeschwindigkeit. Die Kennlinien beziehen sich auf eine mittlere Luftdichte von 1,2 kg/m³. Dargestellt sind die totale Windleistung P_{tot}, die maximal physikalisch gewinnbare Leistung P_{cPBetz}, die zu den Leistungsbeiwerten c_P = 0,5 bis 0,1 gewinnbare Leistung P_{cP05} bis P_{cP01} und die unter Anwendung der Modellkennlinie aus Abb. 2.5 abrufbaren Leistungen $P_{zuVNL06}$ bis $P_{zuVNL14}$, bei einer Auslegung auf eine Nennleistungswindgeschwindigkeit von 6 bis 14 m/s.

Mit dieser Grundlage zur Umrechnung von Windgeschwindigkeiten auf Windleistungen ist nun zu prüfen, ob sich die tatsächlichen Einspeiseverhältnisse der

Windenergie in Deutschland aus Windgeschwindigkeitszeitreihen ermitteln lassen. Ein Instrument, für diese Überprüfung ist die Ladungsabweichung.

Eine Tagesladung ist die Energie, die in einem Versorgungsgebiet im Langzeitdurchschnitt an einem Tag umgesetzt wird.

Die Ladungsabweichung ist definiert als das Integral der Durchschnittsleistungsabweichung über der Zeit. Zur Veranschaulichung dieses Zusammenhangs dient Abbildung 2.7 mit zwei einfachen Beispielen. Wenn eine Leistung von ihrem Durchschnittswert erst nach unten abweicht und dann ansteigt (siehe Pabw-1), dann müsste, wenn permanent Durchschnittsleistung gefordert wird, die fehlende Leistung erst aus einem Speicher entnommen werden und später, bei Leistungsüberschuss, wieder in den Speicher geladen werden. Die Ladung (siehe Law-1, rechte Ordinate) des Speichers würde erst abnehmen und später wieder aufgefüllt werden. Die Ladungsabweichung in Tagesladungen ist damit eine anschauliche Größe, wie ein Speicher beansprucht würde, um aus einer veränderlichen Leistung eine gleichbleibende Leistung in Höhe der Durchschnittsleistung zu machen. Ladungsabweichungskurven erlauben es, den „rauen" Charakter der Leistungsabgabe von Wind- und Solarenergieanlagen über längere Zeiträume zu charakterisieren und zu vergleichen.

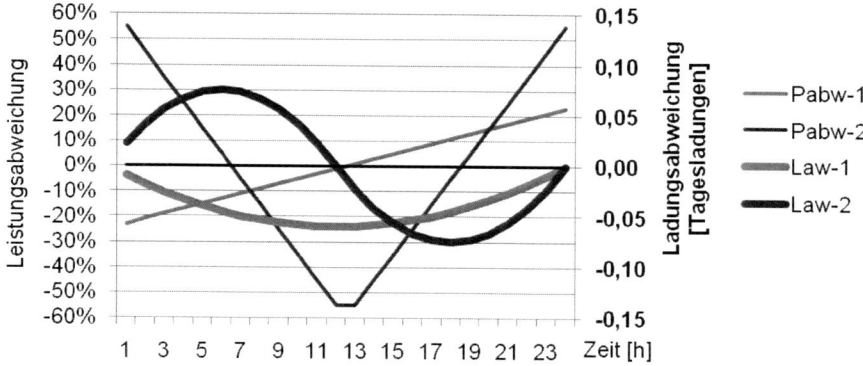

Abb. 2.7. Beispiele zur Veranschaulichung des Zusammenhangs zwischen Leistungsabweichung und Ladungsabweichung. 0% bedeutet keine Abweichung von einer angenommenen Durchschnittsleistung.

In Abbildung 2.8 ist die Ladungsabweichung der tatsächlich ins deutsche Stromnetz eingespeisten Windleistung dargestellt.

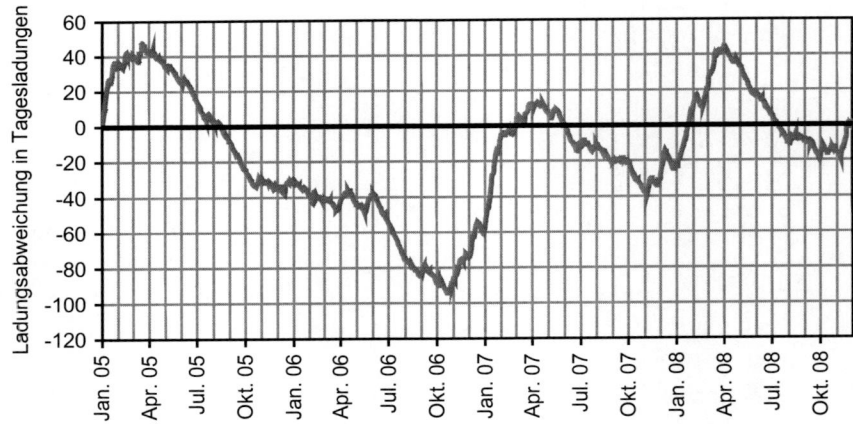

Abb. 2.8. Ladungsabweichung der eingespeisten Windenenergie in Tagesladungen (= durchschnittlicher Energiebedarf pro Tag) in Deutschland von Januar 2005 bis November 2008 im Vergleich zu einer gleichmäßigen Energieproduktion (Grundlast) in Höhe der Durchschnittsleistung während des Gesamtzeitraums. (Quelle: eigene Berechnung, Datenbasis: ISET)

Die Kurve kann auch interpretiert werden, als die Ladung, die sich in einem idealen Speicher mit 100% Wirkungsgrad befinden würde, der Produktion über dem Durchschnitt aufnimmt und fehlende Produktion ersetzt.

Wenn die Berechnung dieser Ladungsabweichungen aus den Windgeschwindigkeiten des Windatlasses zu vergleichbaren Ergebnissen führt, wie die tatsächlichen Einspeisungen, dann ist das ein deutlicher Hinweis, dass die Zeitreihen des Windatlas geeignet sind, zur Simulation der Windenergiegewinnung auf dem Kontinent. Um das zu ermitteln wurde, wie in Abbildung 2.9 gezeigt, das Raster des Windatlas über Deutschland gelegt und die in den Rastergebieten installierte Windleistung festgestellt [WIND1].

Abbildung 2.10 zeigt die Ladungsabweichungen, wie sie sich mit der Modellkennlinie von Abbildung 2.5 aus der Berechnung mit den Zeitreihen des Windatlas für einige Rastergebiete und, entsprechend der installierten Leistungen gewichtet, für Gesamtdeutschland ergeben.

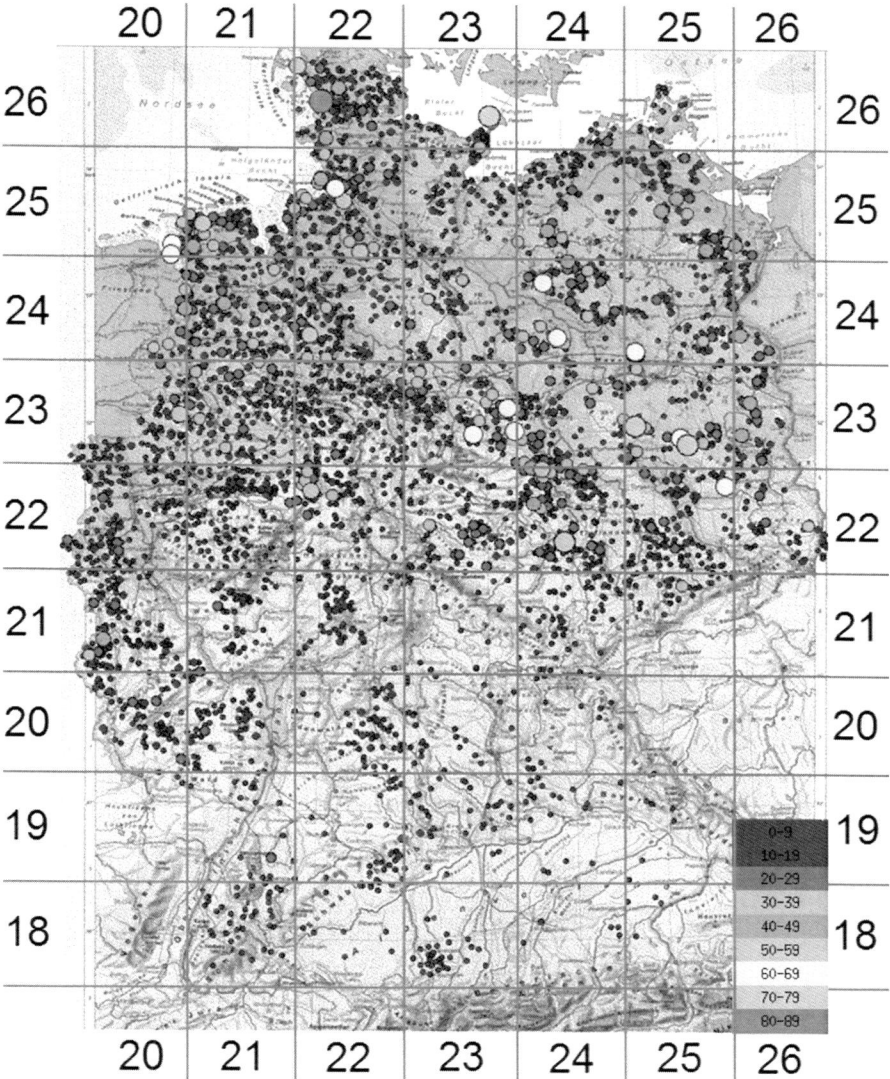

Abb. 2.9. Räumliche Verteilung der installierten Nennleistung der existierenden Windenergieanlagen in Deutschland im Januar 2009. Über die Karte gelegt ist das Gebietsraster des Anemos Windatlas für Europa mit den x/y-Werten der Gebiete. (Quelle: www.windmonitor.de)

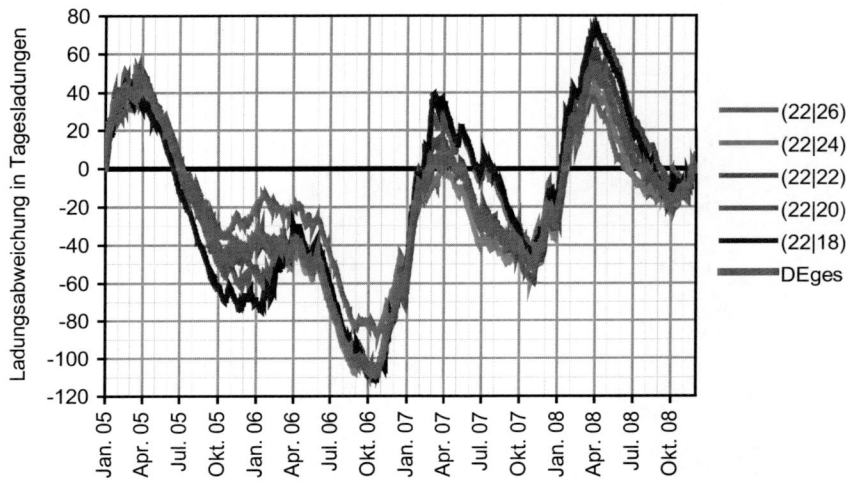

Abb. 2.10. Ladungsweichung von Windkonvertern in Deutschland mit Nennleistungs-Auslegungswindgeschwindigkeit 12,5 m/s (Modellkennlinie gem. Abb. 2.5) von Januar 2005 bis November 2008 im Vergleich zu einer gleichmäßigen Energieproduktion (Grundlast) in Höhe der Durchschnittsleistung während des Gesamtzeitraums. Die gezeigten Kennlinien (22|26) bis (22|18) entsprechen den Rastergebieten des Windatlas für Europa gemäß Abb. 2.9. Die Kennlinie DE_{ges} umfasst alle 44 ca. 90x90 km großen Gebiete Deutschlands mit dem Anteil der dort installierten Windleistung und berücksichtigt den dazwischen stattfindenden Lastausgleich. (Quelle: eigene Berechnung, Datenbasis: Anemos Windatlas Europa)

Die anteilsgewichtete Ladungsabweichungskennlinie für Gesamtdeutschland stimmt relativ gut mit derjenigen aus Abb. 2.8 überein, die aus den tatsächlichen Einspeisungen gewonnen wurde. Die Abschaltung realer Windenergieanlagen bei einem Überangebot von Windstrom in Starkwindwetterlagen und Anlagencharakteristiken, die von der verwendeten Modellkennlinie abweichen, könnten dafür gesorgt haben, dass die reale Kennlinie in Abb. 2.8 etwas weniger Ladungsabweichung aufweist. In welcher Größenordnung das stattfand, kann auf der Basis der verfügbaren Daten nicht ermittelt werden.

Insgesamt kann festgestellt werden, dass die Zeitreihen des Windatlas für Europa eine gute Basis zur Bestimmung der Windenergiedargebots darstellen und dass sich die tatsächlichen Einspeiseverhältnisse daraus realitätsnah ermitteln lassen.

2.2.1 Benutzungsgrad von Windenergieanlagen

Der Abbildung 2.1 kann entnommen werden, dass die im Zeitraum 2005 bis 2008 in Deutschland aufgestellten Windenergieanlagen von ihrer installierten Leistung ca. 20% als durchschnittliche Leistung ins Stromnetz abgeben. Diese Größe wird als Benutzungsgrad bezeichnet.

$$\begin{aligned}\text{Benutzungsgrad} &= \text{Durchschnittsleistung} / \text{Nennleistung} \\ &= \text{Volllaststundenzahl} / \text{Jahresstundenzahl} \\ &\text{einer Energieumwandlungsanlage.}\end{aligned}$$

Der Benutzungsgrad hängt stark davon ab, wie die Leistungskennlinie zur Windenergieumwandlung gewählt wird. Diese Abhängigkeit kann für alle Windenergieanlagenstandorte ermittelt werden, indem die aus der totalen Windleistung gewonnene Durchschnittsleistung in Abhängigkeit von der Auslegungsnennleistungs-Windgeschwindigkeit in Bezug gesetzt wird zur Nennleistung. Zur Ermittlung dieser Abhängigkeit, werden die Zeitreihen für jedes Gebiet des Windatlasses in Geschwindigkeitsklassen aufgeteilt, wie in Tabelle 2.2 beispielhaft für das Rastergebiet (22|26) (nördlicher Teil von Schleswig Holstein) gezeigt.

Tabelle 2.2. Einteilung der auftretenden Windgeschwindigkeiten aus der Zeitreihe des Rastergebiets (22|26) (nördliches Schleswig-Holstein) des Windatlasses für Europa in Windgeschwindigkeitsklassen von jeweils 1 m/s. Angegeben sind:
- E-tot: totale Windenergie die einen m² Rotorfläche einer Windturbine pro Jahr durchströmt,
- Anzahl: Häufigkeit des Auftretens von Windgeschwindigkeiten in dieser Klasse zwischen 1970 und 2008,
- E-tot sum: aufsummierte totale Energie bis zur Windgeschwindigkeit der Klasse,
- Anzahl sum: aufsummierte Anzahl der Vorkommisse von Windgeschwindigkeiten bis zu dieser Klasse,
- P-nenn: bei VW-mittel als Nennleistungsauslegungsgeschwindigkeit zu installierende Leistung,
- E-nenn: Energie, die von einem Windkonverter pro m² und Jahr bei stets voller Leistung erzeugt werden könnte, der eine Nennleistungs-Auslegungs-Windgeschwindigkeit von VW-mittel aufweisen würde,
- EAzuVnl: erreichbare Energieausbeute eines Windkonverters, dessen Kennlinie die Nennleistungs-Auslegungs-Windgeschwindigkeit VW-mittel aufweisen würde,
- Nutzung = EAzuVnl / E-nenn: erreichbare Energieausbeute bezogen auf das installierte Energiegewinnungspotential oder erreichbare Durchschnittsleistung bezogen auf die Nennleistung.

Kapitel 2 - Bausteine einer erneuerbaren Stromversorgung

VW mittel	E-tot	An-zahl	E-tot sum	Anzahl sum	Etot sum	Anzahl sum	P-nenn	E-nenn	EAzuVnl	Nut-zung
m/s	kWh/(m²·a)		kWh/(m²·a)		%	%	W/m²	kWh/(m²·a)	kWh/(m²·a)	%
0,5	0,02	1125	0,02	1125	0,0%	1,0%	0,0	0,2		
1,5	0,73	3788	0,75	4913	0,0%	4,3%	0,6	5,7		
2,5	5,35	6699	6,10	11612	0,2%	10,2%	3,0	26,2		
3,5	19,1	9092	25,2	20704	0,7%	18,2%	8,2	71,9		
4,5	49,7	11275	74,9	31979	2,0%	28,1%	17,4	152,8	132,9	87,0%
5,5	99,7	12492	174,6	44471	4,6%	39,0%	31,8	278,9	227,4	81,5%
6,5	166,5	12699	341,1	57170	9,0%	50,2%	52,5	460,4	347,1	75,4%
7,5	249,5	12395	590,6	69565	15,5%	61,0%	80,7	707,3	486,3	68,8%
8,5	325,2	11119	915,8	80684	24,1%	70,8%	117,5	1029,6	637,2	61,9%
9,5	374,2	9156	1290,0	89840	33,9%	78,8%	164,0	1437,4	791,2	55,0%
10,5	397,5	7200	1687,5	97040	44,3%	85,2%	221,4	1940,8	939,5	48,4%
11,5	396,9	5464	2084,3	102504	54,8%	89,9%	290,9	2549,8	1076,5	42,2%
12,5	365,8	3918	2450,2	106422	64,4%	93,4%	373,5	3274,4	1197,5	36,6%
13,5	308,9	2625	2759,1	109047	72,5%	95,7%	470,5	4124,9	1300,7	31,5%
14,5	261,9	1789	3021,0	110836	79,4%	97,3%	583,0	5111,1	1385,5	27,1%
15,5	199,7	1120	3220,8	111956	84,6%	98,2%	712,2	6243,1	1452,5	23,3%
16,5	160,0	743	3380,8	112699	88,8%	98,9%	859,1	7531,1	1504,0	20,0%
17,5	115,6	450	3496,4	113149	91,9%	99,3%	1025,0	8985,1	1541,4	17,2%
18,5	96,5	319	3592,9	113468	94,4%	99,6%	1210,9	10615,1	1568,0	14,8%
19,5	73,0	206	3665,9	113674	96,3%	99,7%	1418,1	12431,9	1584,6	12,7%
20,5	51,8	126	3717,6	113800	97,7%	99,9%	1647,6	14443,4	1592,1	11,0%
21,5	35,3	74	3752,9	113874	98,6%	99,9%	1900,7	16661,8	1592,6	9,6%
22,5	24,4	45	3777,3	113919	99,2%	100,0%	2178,4	19096,5	1586,2	8,3%
23,5	8,05	13	3785,4	113932	99,4%	100,0%	2482,0	21757,6	1576,0	7,2%
24,5	9,90	14	3795,3	113946	99,7%	100,0%	2812,5	24655,0	1561,1	6,3%
25,5	6,36	8	3801,7	113954	99,9%	100,0%	3171,2	27798,9	1541,2	5,5%
26,5	1,73	2	3803,4	113956	99,9%	100,0%	3559,1	31199,3	1517,7	4,9%
27,5	3,02	3	3806,4	113959	100,0%	100,0%	3977,4	34866,2	1490,2	4,3%

Tabelle 2.2 zeigt, dass je nach Wahl der Kennlinie von der insgesamt vorhandenen totalen Windenergie (unterster Wert in Spalte E-tot sum) ein unterschiedlich hoher Betrag in Elektrizität umgewandelt werden kann (Spalte EAzuVnl). Das Maximum der Windenergieumwandlung würde sich im gezeigten Beispiel mit 1593

kWh/(m²·a) bei einer Kennlinienauslegung auf ca. 21,5 m/s Nennleistungswindgeschwindigkeit ergeben. Pro Quadratmeter Rotorfläche müsste dazu eine Generatorleistung von ca. 1900 Watt installiert werden. Eine Anlage mit 113 Metern Rotordurchmesser (entspricht ≈ 10.000 m² Fläche, die vom Rotor erfasst wird) müsste dabei über eine installierte Leistung von ca.19 Megawatt verfügen. Die erreichte Durchschnittsleistung würde dabei ca. 9,6% der installierten Leistung betragen. Der Spalte EAzuVnl lässt sich entnehmen, dass bei der Wahl einer etwas niedrigeren Nennleistungswindgeschwindigkeit die Energieausbeute nicht wesentlich geringer wird. Bei 16,5 m/s Nennleistungswindgeschwindigkeit läge die Energieausbeute mit ca. 1504 Kilowattstunden pro m² Rotorfläche und Jahr bei ca. 94% der maximalen erreichbaren Ausbeute, die zu installierende Nennleistung betrüge mit 859 W/m² etwa 45% davon, also ca. 8,6 Megawatt. Die abgegebene Durchschnittsleistung würde dabei auf ca. 20% der installierten Leistung ansteigen. In der branchenüblichen Volllaststundenbetrachtung hieße das, die jährliche Volllaststundenzahl stiege von ca. 840 auf 1.750. Die Tabelle zeigt anschaulich, was zu tun ist, um die Vollastundenzahl einer Windenergieanlage weiter zu erhöhen. Man legt diese einfach auf einen niedrigeren Windgeschwindigkeitsbereich aus. Möchte man z.B. einen Benutzungsgrad von 50% in Bezug auf die installierte Leistung erreichen, dann ist bei den zugrundeliegenden Windverhältnissen die Nennleistungs-Auslegungswindgeschwindigkeit auf etwas unter 10,5 m/s zu setzen. Dabei könnten mit ca. 940 kWh/m²·a noch etwa 58% des mit dieser Kennlinie maximal möglichen Ertrags umgewandelt werden. Die zu installierende Leistung ginge mit ca. 220 W/m² Rotorfläche auf 11,6% zurück. Die Windenergieanlage mit 113 Metern Rotordurchmesser bräuchte dazu nur noch mit einer Generatorleistung von 2,2 MW ausgerüstet zu werden.

Die Nennleistungs-Auslegungswindgeschwindigkeiten zur Erreichung eines bestimmten Benutzungsgrades können, auf Basis der Windgeschwindigkeiten des Windatlas, für die in den Abbildungen 2.10 und 2.11 gezeigten Gebiete der Tabelle 2.3 entnommen werden.

Tabelle 2.3. Nennleistungsauslegungswindgeschwindigkeiten in m/s ausgewählter Gebiete zur Erreichung eines vorgegebenen Benutzungsgrades der Windenergieanlagen bezüglich der Windgeschwindigkeitszeitreihen aus dem Anemos Windatlas für Europa

X	Y	Gebiet	20%	30%	40%	50%
22	26	Schleswig-Holstein	16,49	13,85	11,89	10,26
22	24	Niedersachsen	13,68	11,47	9,88	8,55
22	22	Nordhessen	13,11	10,91	9,31	8,00
22	20	Großraum um den Odenwald	11,20	9,28	7,87	6,72
22	18	südliches Baden Württemberg	11,75	9,66	8,16	6,93

Tabelle 2.3 zeigt, dass bei der in Abbildung 2.10 angenommenen Nennleistungs-Auslegungswindgeschwindigkeit von 12,5 m/s, einige Gebiete einen höheren und andere einen niedrigeren Benutzungsgrad erzielen. Deshalb kann festgestellt werden, dass Windturbinen im windstarken Schleswig-Holstein bei einer Auslegung auf 12,5 m/s Nennleistungswindgeschwindigkeit einen höheren Benutzungsgrad aufweisen würden, als in windschwächeren südlicheren Landesteilen. Dieser Unterschied ließe sich jedoch durch die standortgerechte Abstimmung von Windgeneratoren beheben.

Die angestellten Untersuchungen zeigen weiterhin, dass der zeitliche Charakter des Windenergiedargebots nicht maßgeblich von der Höhe des durchschnittlich anzutreffenden Windenergieniveaus abhängt. Diese Erkenntnis ist wichtig und als eine Voraussetzung anzusehen, die es ermöglicht, die Zeitreihen auch dann anzuwenden, wenn in einem Gebiet z.B. auf Bergen Windverhältnisse angetroffen werden, die wesentlich größere Leistungen aufweisen, als es der Windatlas hergibt.

Abb.2.11 zeigt die Verhältnisse für die Verwendung von Windenergieanlagen, die auf einen Benutzungsgrad von 50% ausgelegt sind. Die Ladungsabweichung geht beim Einsatz von Windkonvertern mit höherem Benutzungsgrad deutlich zurück. Während bei einem Benutzungsgrad von 20% die Ladungsabweichung im untersuchten Zeitraum zwischen ca. -120 und +60 Durchschnittstagesproduktionen pendelt, sich also auf 180 Tage bemisst, pendelt die Ladungsabweichung bei 50% Benutzungsgrad der Windenergieanlagen zwischen ca. -50 und +30 Tagen. Die größte Ladungsabweichungsdifferenz gegenüber einer Grundlast in Höhe der Durchschnittsleistung reduziert sich mit ca. 80 Tagen auf weniger als die Hälfte.

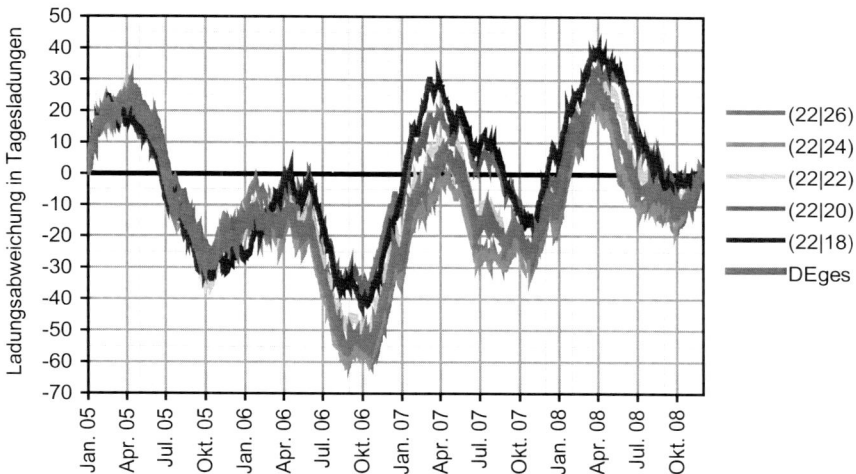

Abb. 2.11. Ladungsabweichung von Windkonvertern in Deutschland mit Benutzungsgrad 50% (Modellkennlinie gem. Abb. 2.5) von Januar 2005 bis November 2008 im Vergleich zu einer gleichmäßigen Energieproduktion (Grundlast) in Höhe der Durchschnittsleistung während des Gesamtzeitraums. Die gezeigten Kennlinien (22|26) bis (22|18) entsprechen den Rastergebieten des Windatlas für Europa gemäß Abb. 2.9. Die Kennlinie DE_{ges} umfasst alle 44 ca. 90x90 km großen Gebiete Deutschlands mit dem Anteil der dort installierten Windleistung und berücksichtigt den dazwischen stattfindenden Lastausgleich. (Quelle: eigene Berechnung, Datenbasis: Anemos Windatlas Europa)

Zusammenfassend kann festgestellt werden, dass mit den Zeitreihen der Windgeschwindigkeit, die dem Windatlas für Europa entnommen werden können, eine geeignete Datengrundlage existiert, mit der Simulationsrechnungen zum Ausgleichsbedarf der Windenergie durchgeführt werden können. Die absolute Höhe der dort angegebenen Windgeschwindigkeiten wird durch den Bezug auf Durchschnittswerte neutralisiert. Der zeitliche Charakter des Windenergiepotentials bleibt dabei erhalten.

2.2.2 Ladungsabweichung der Windenergie in Europa

Angesichts der Ergebnisse, die aus dem Vergleich der Windstromeinspeisung in Deutschland mit den Daten des Windatlas gefunden werden konnten, wird für die weiteren Untersuchungen davon ausgegangen, dass die Zeitreihen des Windatlasses eine geeignete Basis darstellen, um den zeitlichen Charakter des Windenergiepotentials in Europa abzubilden.

Eine weitere Erkenntnis aus dem Vergleich der Gebiete Deutschlands ist, dass die Ladungsabweichungen der Windenergieeinspeisung, wie diese aus den Abbildungen 2.10 und 2.11 für die gezeigten Teilgebiete hervorgehen, selbst in landesweitem Maßstab, nicht stark voneinander abweichen und deshalb nicht zu bedeutsamen Ausgleichseffekten führen. Das ermöglicht bei der kontinentalen Untersuchung die Beschränkung auf einzelne repräsentative Gebiete eines Landes, um den zeitlichen Verlauf des nationalen Windenergieaufkommens wiederzugeben.

Dafür ist es zunächst notwendig, Annahmen über die Verteilung der Windenergieanlagen auf die einzelnen Länder zu treffen. Ziel des vorliegenden Buches ist es, die Verhältnisse bei einer Stromversorgung allein mit erneuerbaren Energien zu ermitteln. Deshalb wird bei allen kontinental untersuchten Szenarien davon ausgegangen, dass in jedem Land die aufzubauende volatile Erzeugungsleistung anteilig dem Stromverbrauch des Landes in Europa entspricht. Das führt dazu, dass jedes an diesem Verbund beteiligte Land zum eigenen Vorteil ein Interesse an einem gut funktionierenden Lastausgleich haben wird und es weder einzelne benachteiligte noch einzelne besonders profitierende Länder geben wird. Die Verhältnisse einer so gelagerten internationalen Zusammenarbeit bei der Energieversorgung wären folglich von einer gemeinsamen Interessenslage bestimmt, die sich fundamental von der Situation bei der konventionellen Energieversorgung unterscheiden würde. Beim Welthandel z.B. mit fossilen Energierohstoffen verfolgen die Exportnationen ganz andere Interessen als die Länder, die von diesen Energielieferungen abhängig sind.

Tabelle 2.4 listet die berücksichtigten Länder in alphabetischer Folge des Ländercodes mit den aus dem Windatlas zugeordneten Rastergebieten auf. Insbesondere bei kleinen oder bei nahe aneinander liegenden Ländern wurde aus Gründen der Vereinfachung das Rastergebiet nicht immer innerhalb der Landesgrenzen gewählt. Dadurch auftretende Nuancen, die das Ergebnis verändern könnten, dürften in Anbetracht der durchgeführten Untersuchung ohne Bedeutung sein. Bei den großen Ländern mit bedeutenden Anteilen am Stromverbrauch wurden mehrere über das Land verteilte Gebiete ausgewählt, um Unterschiede, die im zeitlichen Auftreten der Einspeisung von Windenergie vorhanden sein können, zu berücksichtigen.

Abbildung 2.12 zeigt die Ladungsabweichung der Windenergie für die Länder Europas mit dem höchsten Stromverbrauch sowie verbrauchsanteilsgewichtet für das Gesamtgebiet im Zeitraum von 1970 bis 2008.

2.2 Windenergie

Tabelle 2.4. Bei den Szenario-Berechnungen berücksichtigte Rastergebiete mit den auf den europäischen Gesamtstromverbrauch im ETSO-Verbund bezogenen Verbrauchsanteilen (VAnteil), geordnet nach Länderkürzeln. Die Spalten X und Y markieren die Lage der Rastergebiete im Windatlas für Europa

LK	LAND	X	Y	Gebiet	VAnteil
AL	Albanien	32	10	Albanien	0,10%
AT	Österreich	27	19	Niederösterreich	1,99%
BA	Bosnien	29	13	bosnisch/kroatisches Grenzregion	0,34%
BE	Belgien	18	22	Belgien	2,60%
BG	Bulgarien	36	12	südliches Bulgarien	1,00%
CH	Schweiz	20	16	Westschweiz	1,87%
CY	Zypern	38	4	Kreta	0,14%
CZ	Tschechien	28	20	Tschechien	1,89%
DE	Deutschland			gesamt	16,21%
		22	26	Schleswig-Holstein	4,21%
		24	23	Großraum Magdeburg	4,00%
		22	21	Hessen Mitte	4,00%
		23	18	südwestliches Bayern	4,00%
DK	Dänemark	22	28	Dänemark	1,05%
EE	Estland	32	32	Estland	0,23%
ES	Spanien			gesamt	7,97%
		6	14	Nordwestspanien	2,97%
		15	11	Nordostspanien, Katalonien	3,00%
		9	6	Südspanien	2,00%
FI	Finnland	31	36	südliches mittleres Finnland	2,53%
FR	Frankreich			gesamt	14,38%
		12	19	Bretagne	4,38%
		16	18	Zentral Frankreich	4,00%
		17	15	südliches Frankreich	3,00%
		19	13	Provence-Alpes-Cote dAzur	3,00%
GR	Griechenland	35	6	südlicher Peleponnes	1,64%
HR	Kroatien	29	13	bosnisch/kroatisches Grenzregion	0,52%
HU	Ungarn	30	17	südliches Ungarn	1,13%
IE	Irland	9	27	Nordwest-Irland	0,78%

Tabelle 2.4. Fortsetzung

LK	LAND	X	Y	Gebiet	VAnteil
IT	Italien			gesamt	9,82%
		21	14	zwischen Turin und Genua	2,00%
		28	9	Italien	3,82%
		22	8	Sardinien	2,00%
		27	5	Sizilien	2,00%
LT	Litauen	32	28	Litauen	0,33%
LU	Luxemburg	20	20	Saarland	0,19%
LV	Lettland	30	30	Ostseeküste Lettland	0,22%
ME	Montenegro	32	10	Albanien	0,13%
MK	Mazedonien	32	10	Albanien	0,25%
NL	Niederlande	19	24	Niederlande	3,50%
NO	Norwegen	20	33	Südwestnorwegen	3,75%
PL	Polen			gesamt	4,16%
		28	26	polnische Ostseeküste	2,16%
		30	23	südliches mittleres Polen	2,00%
PT	Portugal	5	9	Portugal, östlich Lissabon	1,52%
RO	Rumänien	35	18	nördliches Rumänien	0,61%
		38	15	Grenzgebiet Rumänien/Bulgarien	1,00%
RS	Serbien	32	14	Zentralserbien	1,13%
SE	Schweden			gesamt	4,19%
		24	31	südwestliches Schweden	2,00%
		28	30	Gotland	2,19%
SI	Slowenien	27	16	Slowenien	0,37%
SK	Slowakei	31	20	Slowakei	0,80%
UK	Großbritannien			gesamt	11,62%
		14	30	Nordostküste Schottland	3,62%
		15	25	Ostküste England	4,00%
		11	22	Cornwall, England	4,00%
EU	Europa			ETSO-Verbund gesamt	100,00%

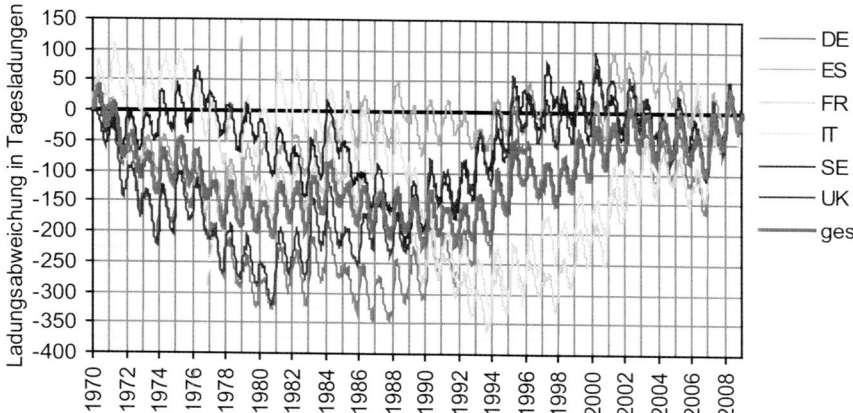

Abb. 2.12. Ladungsabweichung von Windenergieanlagen mit 20% Benutzungsgrad in Tagesladungen ausgewählter Länder sowie anteilsgewichtete Summe aller europäischen Länder des ETSO Verbundes von 1970 bis 2008.

Der typische jahreszeitliche Verlauf der Ladungsabweichung bei der Windenergie geht aus diesem Diagramm klar hervor. Jeweils im Herbst und Winter nimmt die Ladung zu, die Kurven gehen dabei nach oben. Im Frühjahr und im Sommer nimmt die Ladung ab und die Kurven gehen nach unten. Diese jahreszeitlichen, durch das globale Wettergeschehen geprägten Effekte werden sich folglich auch bei einer kontinentalen Vernetzung aller Standorte zur Gewinnung von Windenergie nicht ausgleichen lassen. Die jährlich feststellbaren Schwankungen betragen in manchen Jahren weit über 100 Tagesladungen. Gleichwohl macht das Diagramm deutlich, dass ein Ausgleich zwischen den Ländern stattfinden kann, weil besonders schwache oder besonders starke Windjahre zumindest im untersuchten Zeitraum nie gleichzeitig auf dem gesamten Kontinent beobachtet werden konnten.

Die „durchhängende" Form der Gesamtkurve ist ein Indiz für die Zunahme der in den Luftmassen der Atmosphäre steckenden Bewegungsenergie im untersuchten Zeitraum. Betrachtet man in Abbildung 2.13 die jährlichen Durchschnittsleistungen, die über diesen Zeitraum aus der Wind- in elektrische Energie hätten gewandelt werden können, dann wird dieser Zusammenhang deutlich. Abbildung 2.13 zeigt, dass das Windenergiedargebot auf nationaler Ebene bei Betrachtung der jährlich anstehenden Durchschnittsleistungen erheblich stärkeren Schwankungen unterliegt als der verbrauchsanteilsgewichtete gesamteuropäische Jahresmittelwert. Aber auch dieser pendelte im Untersuchungszeitraum mit ca. ± 8% um den langjährigen Mittelwert von 100%, auf den das gesamte Diagramm bezogen ist. Der Trend einer über die Jahre zunehmenden Windleistung geht aus dem Diagramm deutlich hervor.

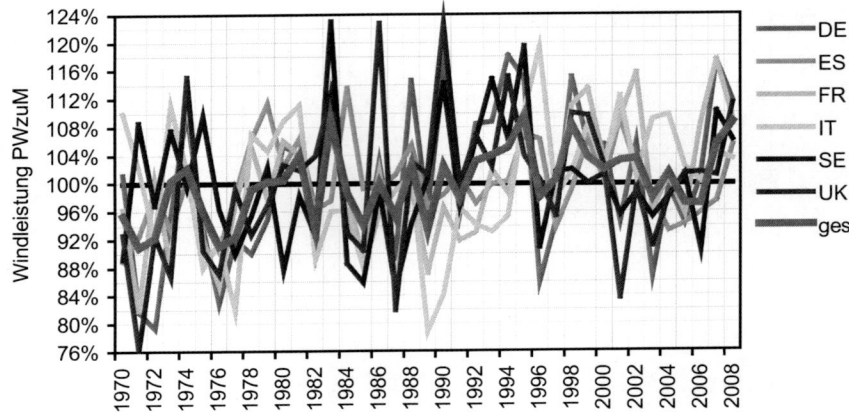

Abb. 2.13. Mittlere jährliche, auf den Durchschnitt des Gesamtzeitraums bezogene Windleistung, die von Windenergieanlagen mit 20% Benutzungsgrad in elektrische Energie hätte umgewandelt werden können. Dargestellt sind ausgewählte Länder sowie die anteilsgewichtete Summe aller europäischen Länder des ETSO Verbundes von 1970 bis 2008. 100% ist die jeweilige Durchschnittsleistung während des Gesamtzeitraums.

2.3 Solarenergie

Durch staatliche Förderung erlebt die Fotovoltaik in Deutschland seit der Jahrtausendwende einen rasanten Ausbau. Der Anteil an der gesamten Stromproduktion erreicht im Jahr 2010 noch keine bedeutende Größenordnung, allerdings ist das Potential, das die direkte Nutzung der Sonnenenergie bietet, enorm.

Zur Solarstromeinspeisung in Deutschland liegt eine Zeitreihe für das Jahr 2005 vor, welche der tatsächlichen Einspeisung sehr nahe kommen sollte. Diese wurde vom ISET in Kassel auf der Basis von 120 Globalstrahlungszeitreihen ermittelt, welche das Physikalische Institut der Universität Oldenburg zur Verfügung stellte [ISET1]. Diese ermöglichen es, abzuschätzen, wie installierte Erzeugungsleistung und Ausgleichskapazität dimensioniert werden müssten, um allein damit eine bedarfsgerechte Versorgung zu gewährleisten.

Fotovoltaik ist auf eine maximale Leistung (Peakleistung) ausgelegt, die sie bei idealer Sonneneinstrahlung abgreifen kann. Im Normalfall speisen Fotovoltaikanlagen aber deutlich weniger ein, als sie bei ständig idealem Sonnenschein erzeugen würden. Die tatsächliche Einspeisung einer einzelnen Fotovoltaik-Anlage bewegt sich zwischen 0% und 100% ihrer maximalen Leistung. Die Auswertung der

Globalstrahlung für 120 Standorte durch das ISET für das Jahr 2005 zeigt, dass ca. 10% der installierten Peakleistung im Durchschnitt eingespeist wird. In Abbildung 2.14 sind zur Veranschaulichung der Solarstromeinspeisung in Bezug auf die im Jahresdurchschnitt eingespeiste Leistung die Daten des ersten Quartals 2005 dargestellt.

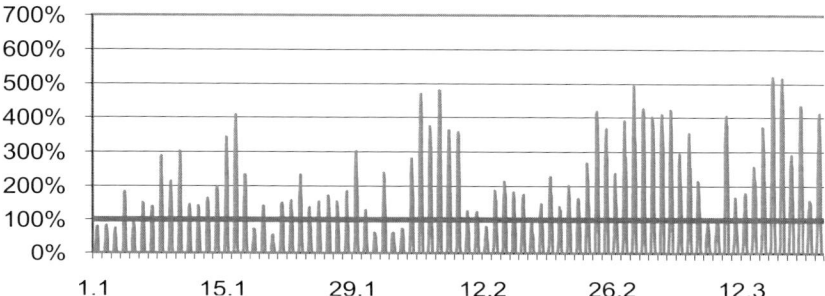

Abb. 2.14. Das Diagramm zeigt für Januar bis März 2005 den Solarstrom (orange) bezogen auf die im Jahresdurchschnitt festgestellte Solarleistung (rosa, 100%). (Quelle: eigene Berechnung, Datenbasis: ISET Kassel und Physikalischen Instituts der Carl von Ossietzky Universität, Oldenburg)

Zur Untersuchung der kontinentalen Verhältnisse ist es zweckmäßig, ähnlich wie beim Wind, auf Globalstrahlungsdaten zurückzugreifen, die über einen längeren Zeitraum für den gesamten Kontinent zur Verfügung stehen. Über die Internetplattform www.satel-light.com besteht eine frei zugängliche Möglichkeit für jede Stelle Europas eine Zeitreihe der Globalstrahlung in halbstündiger Auflösung für die Jahre 1996 bis 2000 herunter zu laden [SATE1]. Abbildung 2.15 zeigt das Gebiet über das sich die Datenbasis von Satel-Light erstreckt. Farblich dargestellt sind dabei die Mittelwerte der Globalstrahlung zwischen 1996 und 2000. Diese Grafiken können durch Festlegung zahlreicher Kriterien mit dieser Internetplattform berechnet und heruntergeladen werden.

26   Kapitel 2 - Bausteine einer erneuerbaren Stromversorgung

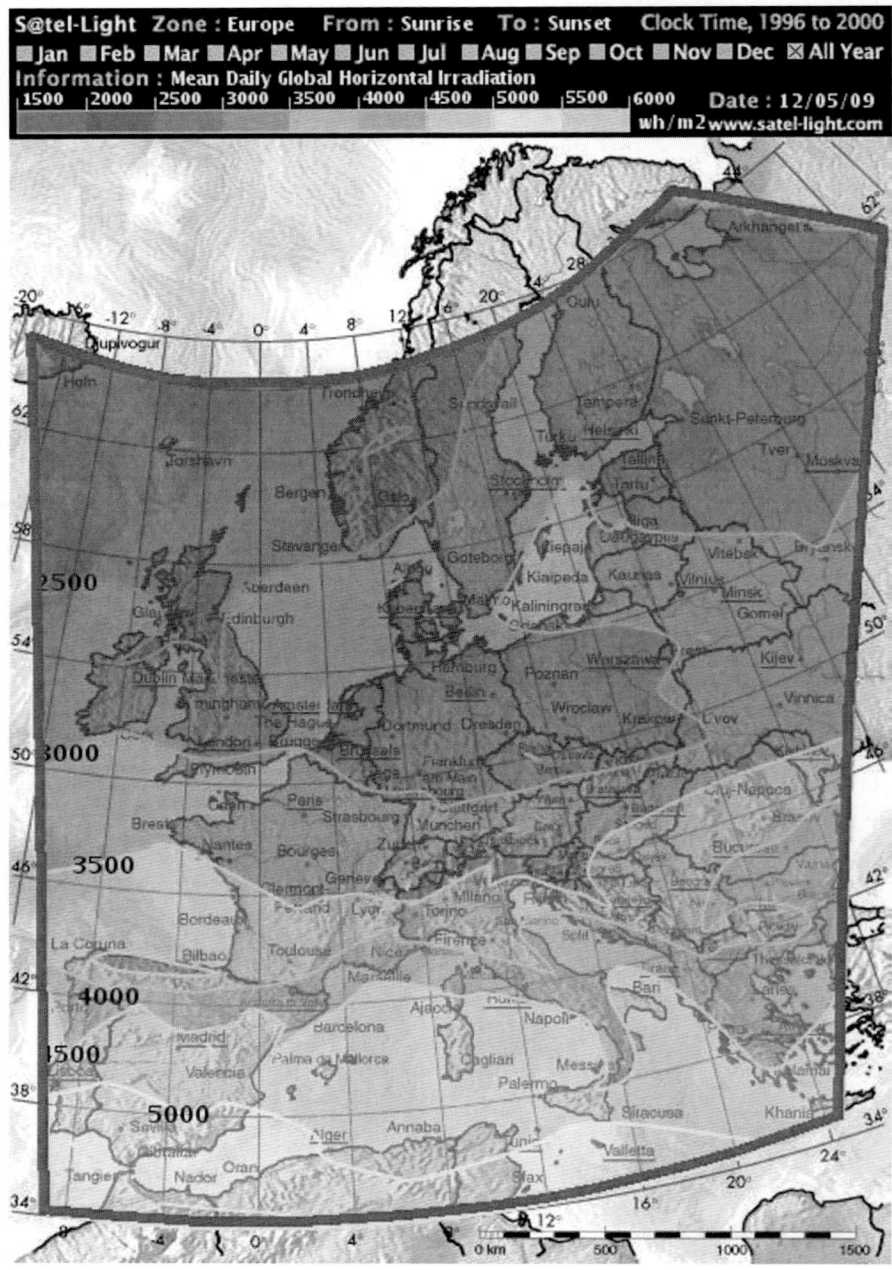

Abb. 2.15. Mittelwert der am Erdboden täglich auf horizontaler Fläche ankommenden Globalstrahlung zwischen 1996 und 2000 auf dem Gebiet für das von der Internetplattform www.satel-light.com Zeitreihen im Halbstundentakt für jeden frei wählbaren Punkt generiert werden können. (Quelle: www.satel-light.com)

Da der Ausbau der Fotovoltaik in hohem Maße auf Dachflächen stattfindet, wird bei den mit dieser Arbeit durchgeführten Untersuchungen davon ausgegangen, dass sich Schwerpunkte der solaren Stromerzeugung in urbanen Zentren entwickeln werden. Wo viele Menschen leben, stehen entsprechend viele Dachflächen zur Verfügung, die sich zur direkten Nutzung der Sonnenenergie anbieten, weil damit kein zusätzlicher Flächenverbrauch einhergeht. Deshalb stützt sich die Untersuchung der Verhältnisse einer kontinental vernetzten solaren Stromerzeugung auf die Globalstrahlungsverhältnisse der europäischen Hauptstädte und einiger zusätzlich bedeutender Städte. Die für die Berechnung von Szenarien herangezogenen Orte mit dem zugeordneten Verbrauchsanteil am gesamteuropäischen Stromverbrauch sind in Tabelle 2.5 aufgelistet. Mit Unterstützung des physikalischen Instituts der Universität Oldenburg konnten die Globalstrahlungs-Zeitreihen aus Satel-Light für die angegebenen Orte bis zum Jahr 2008 fortgesetzt werden. Die Reihenfolge in Tabelle 2.5 stimmt mit der von Tabelle 2.4 zur Windenergie überein, so dass darüber für die weiterführenden Untersuchungen eine Zuordnung zwischen den Gebieten zur Windenergiegewinnung und urbanen Verbrauchsschwerpunkten erfolgt. Die Verbrauchsanteile, die den Ländern zugeordnet sind, entsprechen dabei den tatsächlichen Verhältnissen des Jahres 2008. Die Unterverteilung des Verbrauchs auf einzelne Städte in großen Ländern orientiert sich jedoch an den Verbräuchen, die den Windenergiegewinnungsgebieten zugeordnet wurden. Bei der Gewinnung von elektrischer Energie aus Solarstrahlung auf Basis der Zeitreihe einer Stadt ist, wie bei der Wahl von Rasterpunkten aus dem Windatlas beim Wind, immer das Solarstrom-Einspeise-Verhalten des Großraums um diese Stadt zu verstehen. Die Grenzen können dabei weit gezogen sein und gelten bei kleineren oder weniger verbrauchsstarken Ländern immer für das gesamte Land.

Wie sich der tatsächliche Stromverbrauch innerhalb eines größeren Landes verteilt, ist nicht Gegenstand der hier vorgenommenen Untersuchungen. Vielmehr wird davon ausgegangen, dass die nationalen Elektrizitätsnetze in der Lage sind, die inländische Stromverteilung jederzeit bewerkstelligen zu können.

Kapitel 2 - Bausteine einer erneuerbaren Stromversorgung

Tabelle 2.5. Urbane Zentren Europas, deren Globalstrahlungsverhältnisse zur Bestimmung der Solarstromeinspeisung in den untersuchten Szenarien herangezogen werden.

Pos	LK	Ort	Länge [°]	Breite [°]	Höhe [m] NN	Vant. %
1	AL	Tirana	-19,82	41,32	104	0,10%
2	AT	Wien	-16,37	48,20	171	1,99%
3	BA	Sarajevo	-18,38	43,85	685	0,34%
4	BE	Brussels	-4,32	50,82	62	2,60%
5	BG	Sofia	-23,32	42,67	579	1,00%
6	CH	Zurich	-8,55	47,37	405	1,87%
7	CY	Athen	-23,72	37,97	110	0,14%
8	CZ	Prag	-14,47	50,07	245	1,89%
	DE	Deutschland				16,21%
9		Hamburg	-10,00	53,55	3	4,21%
10		Berlin	-13,40	52,52	35	4,00%
11		Frankfurt-am-Main	-8,67	50,12	119	4,00%
12		München	-11,57	48,15	514	4,00%
13	DK	Kopenhagen	-12,57	55,67	0	1,05%
14	EE	Tallinn	-24,72	59,42	38	0,23%
	ES	Spanien				7,97%
15		Barcelona	-2,17	41,37	31	3,00%
16		Madrid	3,67	40,40	597	2,97%
17		Gibraltar	5,35	36,12	156	2,00%
18	FI	Helsinki	-24,92	60,17	11	2,53%
	FR	Frankreich				14,38%
19		Paris	-2,32	48,87	35	4,38%
20		Lyon	-4,85	45,75	175	4,00%
21		Toulouse	-1,42	43,60	136	3,00%
22		Marseille	-5,40	43,30	54	3,00%
23	GR	Athen	-23,72	37,97	110	1,64%
24	HR	Zagreb	-16,00	45,80	127	0,52%
25	HU	Budapest	-19,07	47,50	97	1,13%
26	IE	Dublin	6,25	53,32	9	0,78%

Tabelle 2.5. Fortsetzung

Pos	LK	Ort	Länge [°]	Breite [°]	Höhe [m] NN	Vant. %
	IT	Italien				9,82%
27		Palermo	-13,37	38,12	4	2,00%
28		Roma	-12,47	41,90	19	3,82%
29		Cagliari	-9,12	39,22	27	2,00%
30		Milano	-9,20	45,47	122	2,00%
31	LT	Vilnius	-25,32	54,67	125	0,33%
32	LU	Luxembourg	-6,12	49,60	260	0,19%
33	LV	Riga	-24,10	56,95	11	0,22%
34	ME	Podgorica	-19,25	42,43	55	0,13%
35	MK	Skopje	-21,47	42,00	247	0,25%
36	NL	Amsterdam	-4,92	52,35	0	3,50%
37	NO	Oslo	-10,75	59,92	19	3,75%
	PL	Polen				4,16%
38		Gdansk	-18,67	54,35	14	2,16%
39		Warszawa	-21,00	52,25	94	2,00%
40	PT	Lisboa	9,12	38,72	63	1,52%
	RO	Rumänien				1,61%
41		Bukarest	-26,10	44,42	84	0,61%
42		Bukarest	-26,10	44,42	84	1,00%
43	RS	Belgrad	-20,50	44,82	71	1,13%
	SE	Schweden				4,19%
44		Stockholm	-18,05	59,32	16	2,19%
45		Göteburg	-11,97	57,72	2	2,00%
46	SI	Ljubljana	-14,50	46,05	298	0,37%
47	SK	Bratislava	-17,12	48,15	137	0,80%
	UK	Groß-Britannien				11,62%
48		London	0,00	51,50	15	4,00%
49		Edinburgh	3,20	55,95	19	3,62%
50		Birmingham	1,92	52,47	140	4,00%

Die abgegebene elektrische Leistung solarer Energiesysteme hängt außer von der am Boden ankommenden Globalstrahlung in horizontaler Ebene von vielen Einflussfaktoren ab. Dazu zählt insbesondere die eingesetzte Technik. So macht es einen Unterschied, ob es sich z.B. um Fotovoltaik oder um konzentrierende solarthermische Kraftwerke handelt, deren Energie über Spiegelflächen zur thermischen Erhitzung eines Energieträgers gebündelt wird, ob es sich um starr aufgestellte oder dem Sonnenstand nachgeführte Systeme handelt, in welchem Winkel starr aufgestellte Systeme ausgerichtet sind, welche schattenwerfenden Einflüsse die Einstrahlung behindern, welche Wellenlängen des ankommenden Strahlenspektrums in Strom gewandelt werden, wie der diffuse und der direkte Strahlungsanteil die Umwandlung in Strom beeinflussen usw. Auch die Umgebungstemperatur und die Aufheizung von Kollektoren beeinflussen den Wirkungsgrad der Solarstromgewinnung. Diese Fragen sind wichtig, wenn es darum geht, für eine gegebene Situation die optimale Anlage zu errichten. Die Klärung all dieser Einzelheiten ist zweitrangig, wenn es darum geht, den Einfluss von Solarstrom auf den Ausgleichsbedarf einer kontinentalen Stromversorgung zu untersuchen.

Grundsätzlich gilt, je mehr Strahlung am Boden ankommt, desto mehr Energie geben solare Stromerzeuger ab. In den vorliegenden Untersuchungen wird pauschal angenommen, dass der produzierte Solarstrom proportional zur Globalstrahlung ist, die auf der horizontalen Fläche am Erdboden ohne Berücksichtigung von Hindernissen ankommt. Um zahlenmäßig reale Verhältnisse nachempfinden zu können, wird mit einem Wirkungsgrad von 15% gerechnet, mit dem aus der Globalstrahlung Strom gewonnen wird. Durch den Bezug auf die im Durchschnitt verfügbare Leistung aus Solarenergie neutralisiert sich aber der angenommene Wirkungsgrad. Wenn die konkreten Anlagen besser sind, würden davon entsprechend weniger, wenn sie einen schlechteren Wirkungsgrad aufwiesen, entsprechend mehr gebraucht.

Weicht das Einspeise-Verhalten im Tagesgang von der Proportionalität zur Globalstrahlung ab, dann ergäbe das zeitliche Verschiebungen des Leistungsdargebots innerhalb eines Tages. Das würde den kurzfristigen Ausgleichsbedarf betreffen, sich aber nicht auf längere Zeiträume auswirken. Durch die Wahl der Zeitschrittlänge von drei Stunden findet bei den vorgenommenen Untersuchungen von vornherein eine zeitliche Mittelung der Solarstromeinspeisung statt. Dagegen unterbleibt eine einzelgebietsbezogene räumliche Mittelung der Globalstrahlung. Es ist davon auszugehen, dass eine kurzfristige Unschärfe durch eine nicht vorhandene exakte Proportionalität von Globalstrahlung und Solarstromabgabe im Rahmen der vorliegenden Untersuchung untergeordnete Bedeutung aufweist. Wie sich schon bei der Windenergie gezeigt hat, wird auch beim Solarstromdargebot davon ausgegangen, dass der Ausgleichsbedarf, der durch die Auswertung der Verhältnisse an einem Stützpunkt gewonnen wird, über einen längeren Zeitraum gesehen, repräsentativ für den gesamten Großraum um diesen Stützpunkt ist. Das begründet sich damit, dass Wetterlagen und damit die Sonneneinstrahlung in der Regel stets für große Gebiete ähnlich sind. Dies bestätigen auch einschlägige Untersuchungen, wie z.B. die Dissertation von Christian Reise: Entwicklung von Verfahren zur Prognose des Ertrags großflächiger Energieversorgungssysteme auf der Basis von Satelliteninformationen [REIS1].

Zur Prüfung dieser Annahmen wird in Abbildung 2.16 die Ladungsabweichung, die sich in Deutschland aus der Untersuchung des ISET für das Jahr 2005 ergab [ISET1], verglichen mit der Ladungsabweichung, die sich durch die Annahme globalstrahlungsproportionaler Solarenergieeinspeisung mit den von der Uni Oldenburg zur Verfügung gestellten Zeitreihen großer deutscher Städte ergeben hätte.

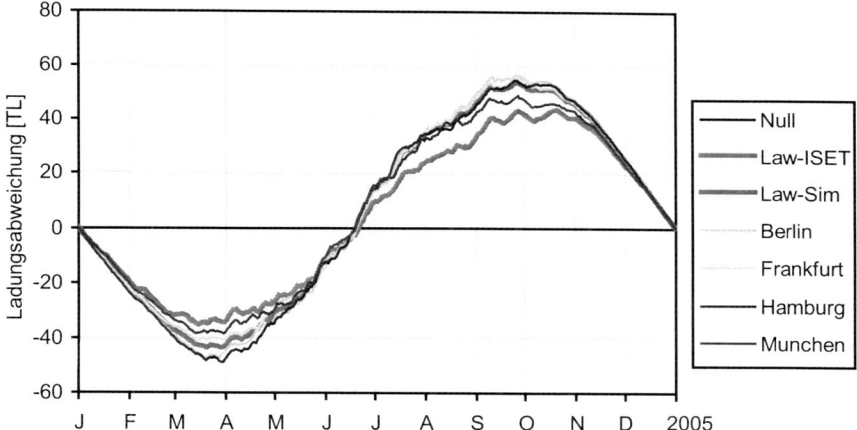

Abb. 2.16. Ladungsabweichung in Tagesladungen [TL] aufgrund einer Untersuchung des ISET in Kassel im Vergleich zur Ladungsabweichung, die sich mit der Annahme globalstrahlungsproportionaler Solarenergie ergeben hätte in großen Städten Deutschlands und wie sie zur Simulation der Szenarien verwendet wurde. (Quelle: eigene Berechnung, Datenquellen: Uni Oldenburg und ISET Kassel)

Das Diagramm zeigt eine qualitative Übereinstimmung zwischen der Kurve, des ISET zu den Kurven, die mit der vereinfachten Annahme einer globalstrahlungsproportionalen Solarstromeinspeisung gebildet wurden. Für Deutschland ergibt die Annahme der Globalstrahlungsproportionalität im Jahr 2005 eine etwas höhere Ladungsabweichung. Der Unterschied zwischen der Kurve des ISET, welche den tatsächlichen Verhältnissen nahe kommen dürfte und den zur Simulation der Szenarien verwendeten Kurven, bewegt sich in einem Rahmen, der angesichts der durchgeführten Untersuchung vertretbar erscheint und in einem vergleichbaren Umfang wie die Windenergie von den tatsächlichen Einspeisewerten abweicht. Ein Grund für die etwas höhere Ladungsabweichung der globalstrahlungsproportionalen Kennlinie dürfte die nicht berücksichtigte Temperaturabhängigkeit des Wirkungsgrades sein. Der führt zu einer besseren Ausbeute der Globalstrahlung in der kalten und einer verminderten in der warmen Jahreszeit. Die Unterschiede in der Ladungsabweichung zwischen München und Hamburg erklären sich durch die geografische Lage der Städte.

Abbildung 2.17 zeigt die Ladungsabweichung der globalstrahlungsproportional angenommenen Solarenergie für die Länder Europas mit dem höchsten Stromverbrauch sowie für das verbrauchsanteilsgewichtete Gesamtgebiet im Zeitraum 1996 bis 2008.

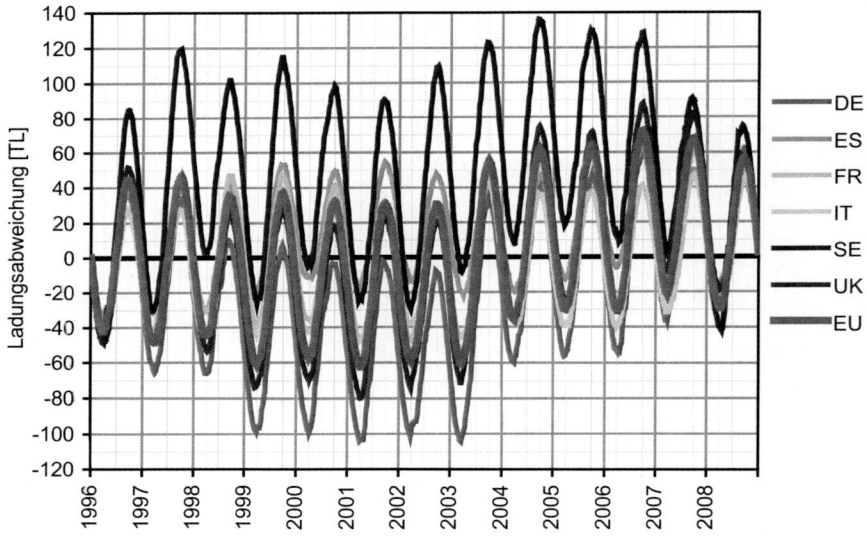

Abb. 2.17. Ladungsabweichung einer Solarstromversorgung mit zur Globalstrahlung proportionaler Leistungsabgabe in Tagesladungen [TL] für die großen Stromverbrauchsländer Europas und verbrauchsanteilgewichtet für alle Länder des ETSO-Verbunds.

Die Ladungsabweichungen der Solarstromeinspeisung unterliegen, wie zu erwarten, einer großen Regelmäßigkeit, die den Jahreszeiten folgt. Im Winter fällt die produzierte Ladung unter den Durchschnitt, im Frühling wird das Defizit wieder aufgefüllt, im Sommer entsteht ein Ladungsüberschuss und im Herbst wird dieser wieder abgebaut. In diesen Ladungsabweichungskurven erkennt man besonders sonnenreiche Jahre daran, dass der Ladungsaufbau einen höheren Wert als im Durchschnitt annimmt. In sonnenarmen Jahren ist es umgekehrt, es findet ein überdurchschnittlicher Ladungsabbau statt. Dem Diagramm in Abbildung 2.17 kann entnommen werden, dass die im Jahresrhythmus stattfindenden Einspeiseschwankungen solarer Energiegewinnungsanlagen in nördlichen Ländern (siehe Schweden) stärker ausfallen als in südlichen Ländern (siehe Italien oder Spanien). Der größte verbrauchsanteilgewichtete Ladungsabfall im EU Durchschnitt hätte in diesem Zeitraum ca. 95 Tagesladungen betragen, die größte Ladungszunahme im Jahr 2003 wäre mit ca. 115 Tagesladungen von -60 auf +55 gegangen. Der Unterschied zwischen nördlicher und südlicher gelegenen Ländern ist auf die viel größeren Unterschiede bei den Tageslängen zurückzuführen, je weiter man sich in Richtung der Erd-Pole bewegt.

Die Jahresdurchschnittsleistungen solarer Energiegewinnungsanlagen unterliegen ebenfalls Schwankungen und können für die gezeigten Länder und verbrauchsanteilsgewichtet für den gesamten ETSO-Verbund der Abbildung 2.18 entnommen werden.

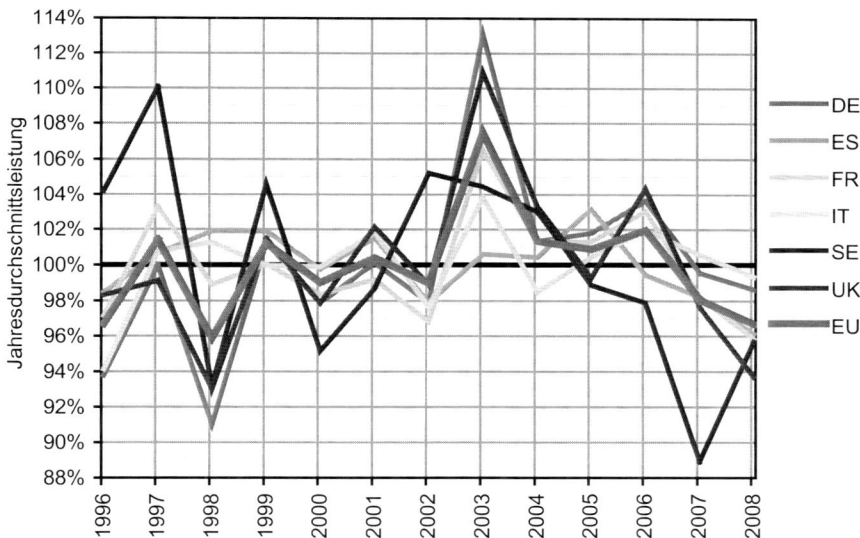

Abb. 2.18. Jahresmittelwerte der Solarleistung bezogen auf den Mittelwert des Gesamtzeitraums, die von Solarstromanlagen abgegeben worden wäre, deren Leistungsabgabe proportional zur ankommenden Globalstrahlung ist (100% entspricht der Durchschnittsleistung während des Untersuchungszeitraums).

Während der dreizehn untersuchten Jahre hätte die gesamteuropäische Solarstromerzeugung im Jahresdurchschnitt Abweichungen zwischen -4% und + 7,5% um den Mittelwert gehabt. Die Abweichung in den einzelnen Ländern wäre in Deutschland, Schweden und Groß-Britannien größer, in Frankreich, Italien und Spanien kleiner gewesen. Wegen der Kürze dieses Untersuchungszeitraums ist davon auszugehen, dass bei einer längeren Betrachtung auch noch größere Abweichungen auftreten würden. Die Spitzen der nationalen Abweichungen der Globalstrahlung vom Mittelwert liegen bei den im Diagramm gezeigten Ländern zwischen -11% und +13% vom Mittelwert.

2.4 Kombination von Wind- und Solarenergie

Im den Unterkapiteln 2.2 zur Windenergie und 2.3 zur Solarenergie hat sich gezeigt, dass deren Energiedargebot im jahreszeitlichen Verlauf gegenläufig auftritt. Im Frühjahr und im Sommer erreicht das Solarstromangebot sein Maximum während der Wind im Herbst und Winter die meiste Energie mit sich führt.

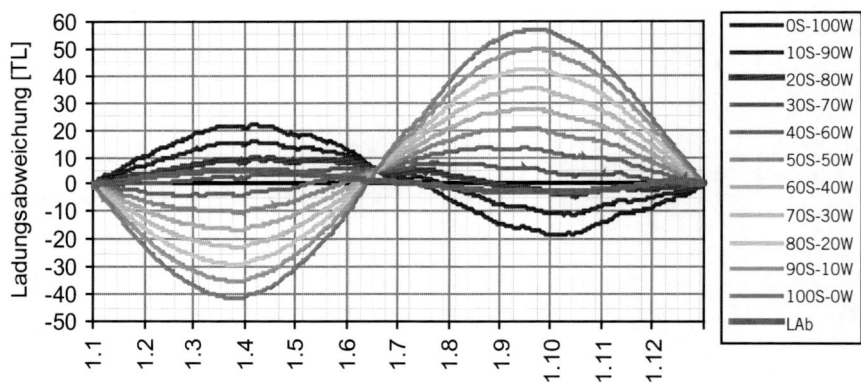

Abb. 2.19. Variation der Anteile von Solar- und Windenergie zur Veränderung der Ladungsabweichungen in Tagesladungen [TL] des damit gewinnbaren Stroms gegenüber dem Strombedarf in Deutschland. Die verfügbare Windenergie gründet sich auf einen Benutzungsgrad von 50% und die verfügbare Solarenergie wurde leistungsproportional zur Globalstrahlung angesetzt. Basis ist eine Zeitpunktmittelung zwischen 1996 und 2008 für das Rastergebiet zur Windenergiegewinnung (22|21) Hessen Mitte und das urbane Zentrum zur Solarenergiegewinnung Frankfurt am Main. ##S-##W (Beispiel: 20S-80W): Ladungsabweichung bei einer Erzeugungsstruktur mit den angegebenen prozentualen Beiträgen der Solarenergie und der Windenergie für die Kombinationskurve in %. Solaranteil und Windanteil zusammen ergeben immer 100%. LAb: Ladungsabweichung des Bedarfs vom Mittelwert.

Deshalb liegt es nahe, zu untersuchen, wie diese beiden Energiearten kombiniert werden könnten, damit sich eine darauf aufbauende regenerative Stromerzeugung möglichst gut an die Nachfrage angepasst. Mit der Ladungsabweichung steht ein Instrument zur Verfügung, das es erlaubt, diese Untersuchung in anschaulicher Form durchzuführen.

Abbildung 2.19 zeigt beispielhaft für ein Gebiet in der Mitte Deutschlands, wie sich die auftretende Ladungsabweichung verändert, wenn die Energieversorgung in 10% Schritten von 100% Windanteil und 0% Solaranteil variiert wird bis 0% Windanteil und 100% Solaranteil. Da auch die Stromnachfrage über das Jahr nicht konstant ist und eine Ladungsabweichung aufweist, verspricht eine Kombination, die dieser Kurve am nächsten kommt, wie die hervorgehobene mit 80% Windenergie- und 20% Solarenergieanteil, den geringsten Ausgleichsbedarf zu erfordern.

2.5 Biomasse zur Stromerzeugung

Biomasse ist eine Grundlage des Lebens aller Tiere und Menschen. Sie wächst bei Sonneneinstrahlung, dem Vorhandensein von Wasser, einem geeigneten Klima und geeigneten Böden auf den Landflächen der Erde. Sie bildet sich auch in den Ozeanen wenn entsprechende Bedingungen vorliegen. Dieses natürliche Wachstum setzt einen kleinen Anteil der eingestrahlten Sonnenenergie in chemisch gebundene Energie um. Diese kann durch technische Prozesse wieder freigesetzt und in Wärme, mechanische oder elektrische Energie umgewandelt werden. Biomassegewinnung zur energetischen Nutzung erfolgt in erster Linie auf dafür geeigneten Landflächen. Im Buch „Regenerative Energiesysteme" von Volker Quaschning [QUAS1] sind Wirkungsgrade zusammengetragen, die bei der Produktion von Biomasse anzutreffen sind. Für die Ozeane wird ein Wert von 0,07% angegeben. Beim natürlichen Bewuchs der Landflächen mit Gras und Wäldern liegen die Werte zwischen 0,3% und 0,55%. Als Energiepflanzen werden Mais mit 3,2%, Zuckerrohr mit 4,8% und Zuckerrüben mit 5,4% aufgeführt. Wie oft sich derartige Erträge von Jahr zu Jahr wiederholen lassen, welchen Einsatz von Energie Anbau und Ernte erfordern, eine Energiebilanz des Pflege- und Düngemitteleinsatzes, die Anforderungen an Klima und Bodenbedingungen, die notwendig sind, damit derartige Wachstumsleistungen nachhaltig erfolgen können, wird in der genannten Quelle nicht weiter ausgeführt.

Der notwendige Flächenbedarf zur Erzeugung der Biomasse für bedarfsgerecht verfügbare Kraftwerke zur Stromversorgung in Deutschland kann bei einer mittleren Sonneneinstrahlung von ca. 1000 kWh/m² [2] überschlägig abgeschätzt werden, indem man ansetzt, dass ca. 1% dieser Energie durch Photosynthese in Pflanzen gebunden wird[3]. Diese Energie kann mit einem Wirkungsgrad von ca. 30% verstromt werden[4]. Daraus ergibt sich grob, dass sich aus Biomasse mit einem Quadratmeter Boden im Jahr ein bis drei kWh Strom erzeugen lassen. Ein gut geführter realer Betrieb in Wohnortnähe des Autors schafft mit einer Anbaufläche von ca. 100 Hektar eine Dauerstromeinspeisung mit 180 kW Leistung. Das ergibt 180 kW · 24 h · 365 d / 1.000.000 m² = 1,58 kWh/m², also gerade die Hälfte der optimistischen obigen Annahme von 3 kWh/m². Der Jahresstrombedarf Deutschlands beträgt derzeit rund 600 TWh[5]. Der Flächenbedarf dafür würde bei intensiver Bewirtschaftung mindestens 600.00.000.000 kWh / 3 KWh/m² = 200.000 km² betragen. Deutschland verfügt über eine Gesamtfläche von 357.058 km². Daraus ergibt sich beim derzeitigen Stromverbrauch eine Anbaufläche für 100% Stromerzeugung aus Biomasse von ca. 56% der Landesfläche. Derzeit werden 53,5% der Fläche Deutschlands landwirtschaftlich genutzt. Das sind ca. 190.000 km². Würde der überwiegende Teil dieser Anbauflächen zur Energieproduktion eingesetzt, dann bliebe für Lebensmittelproduktion kaum etwas übrig.

Der im Vergleich zur Versorgungsaufgabe exorbitant hohe Flächenbedarf, der erforderlich wäre, um mit Biomasse nachhaltig einen substanziellen Anteil zur Stromversorgung eines Landes zu leisten, zeigt, dass sich die Energieversorgungsfrage damit wohl kaum lösen lassen wird. Vielmehr sollten die fluktuierenden Erzeugungsformen aus Wind und Sonne so genutzt werden, dass Sie einen hohen Anteil am Gesamtbedarf decken können, wenn die Versorgungsaufgabe ohne Kernkraft und ohne fossile Energieträger realistisch erfüllt werden soll. Aus Wind kann nach Angaben in der „Leitstudie 2008" des BMU mit den derzeitigen Anlagen jährlich ca. 40 kWh/m² Strom abgegriffen werden[6], mit Fotovoltaik 100 bis 130 kWh/m². Diese Werte liegen beim 10- bis 50-fachen Flächenertrag von Biomasse. Ohne Berücksichtigung des Ausgleichsbedarfs zwischen Erzeugung und Nachfrage errechnet sich daraus der Flächenbedarf, um mit Windstrom die Bundesrepublik zu versorgen, auf unter 5% der Landesfläche und mit Fotovoltaik auf ca. 1,5% der Landesfläche. Biomasse ist eine sinnvolle Ergänzung für den Energiemix bei der Stromversorgung, wenn damit Abfall- und Reststoffe verwertet

---

[2] Siehe dazu Abb. 2.15 im Abschnitt 2.3 „Solarkraft als Energiequelle"
[3] In der „Leitstudie 2008" des BMU auf Seite 72 werden 2 – 6 kWh$_{chem}$/m², also ca. 0,2% bis 0,6% der eingestrahlten Sonnenenergie angegeben [BMU1].
[4] z.B. aus Wikipedia zum Stichwort „Wirkungsgrad" (http://www.wikipedia.de)
[5] Z.B. ebenfalls aus „Leitstudie 2008", Seite 30.
[6] Dabei wird von 4 Windkraftanlagen mit jeweils fünf Megawatt Leistung pro Quadratkilometer ausgegangen.

werden die ohnehin anfallen und keine anderweitige, bessere Verwendung finden. Wenn Flächen ausschließlich zur Stromerzeugung intensiv bewirtschaftet und mit Monokulturen bepflanzt werden, dann sollte darüber nachgedacht werden, ob das gleiche Ergebnis nicht auf andere Art erreicht werden könnte, bei der zurückhaltender mit Natur und Bodenflächen umgegangen wird.

2.6 Weitere erneuerbare Energien

Weitere grundsätzlich zur Stromerzeugung geeignete Energiequellen sind die Wasserenergie aus Flüssen, Meereswellen und Gezeiten, die Erdwärme, sowie die Nutzung von Auf- und Abtrieb durch die Herbeiführung von Luftdichteunterschieden in der Atmosphäre. Die relativ knappe nachfolgende Abhandlung dieser Techniken nimmt, bis auf den Abschnitt zu den Fallwindkraftwerken in hohem Maße Bezug auf das Buch „Kraftwerkstechnik" von Karl Strauß, 6. Auflage, 2009 [STRA1].

2.6.1 Wasserenergie aus Fließgewässern

Wasserläufe werden von der Menschheit schon sehr lange als regenerative Energiequellen genutzt. Das Dargebot ist eine Folge des durch die Sonneneinstrahlung angetriebenen Wasserkreislaufs. Die mit Laufwasserkraftwerken gewinnbare Energie ist ein kleiner Bruchteil dessen, was an Globalstrahlung von der Sonne auf der Erde ankommt. Die Potentiale zur Stromerzeugung aus Wasserenergie gelten in Europa als weitgehend ausgeschöpft. Die damit mögliche gleichmäßige Stromproduktion kann einen kleinen Anteil zur Deckung des Gesamtbedarfs leisten. In Deutschland liegt der Beitrag der Wasserkraftwerke zur gesamten Stromproduktion bei unter vier Prozent[7], weltweit nach [STRA1] bei ca. 6% des gesamten Energiebedarfs. Zum Aufbau einer regenerativen Vollversorgung in Europa, die Gegenstand der vorliegenden Studie ist, kann die Stromerzeugung aus Fließgewässern keinen bedeutsam steigerbaren Beitrag leisten, sie reduziert jedoch den Anteil, der mit anderen Erzeugungstechniken zu erbringen ist.

---

[7] Im Leitszenario 2008 werden jährlich zwischen 21,5 und 24,9 TWh/a bei einer Gesamterzeugung von um die 600 TWh/a angegeben [8].

2.6.2 Wasserenergie aus Wellenenergie

Auch die Energie die in den Meereswellen steckt ist eine Folge der Globalstrahlung und der durch sie ausgelösten Luftbewegungen, welche die Wasseroberfläche der Ozeane und Meere zu Wellenbewegungen anregt. Was den Ausgleichsbedarf beträfe, kann davon ausgegangen werden, dass Meereswellen, eventuell mit einem gewissen Zeitverzug, dem Windgeschehen folgen. Für Wellenkraftwerke wären bezüglich Benutzungsgrad und Ladungsabweichung ähnliche Überlegungen wie bei der Windenergie anzustellen. Ausgleichseffekte durch die Kombination von Windenergie- und Wellenenergieanlagen sind kaum zu erwarten, da beide direkt oder mittelbar durch den Wind angetrieben werden. Aufgrund dieser Überlegungen darf davon ausgegangen werden, dass sich die kostengünstigere, umweltverträglichere und auf größere öffentliche Akzeptanz treffende Form der Energiegewinnung durchsetzen wird.

2.6.3 Wasserenergie aus Gezeitenkraftwerken

Die Energie die aus den wechselnden Wasserständen von Ebbe und Flut und den dabei auftretenden Strömungen gewonnen werden kann, steht unabhängig von Wind und Wetter zur Verfügung. Die Gezeitenkräfte kommen durch die Schwerkraft und die stattfindenden Bewegungen zwischen Erde, Mond und Sonne, sowie die Eigendrehung der Erde zustande. Auf offener See beträgt der Tidenhub durch diese Gezeitenkräfte ca. einen Meter. Küstenabschnitte in Buchten, die aufgrund ihrer Länge und Wassertiefe in Resonanz zum Gezeitenzyklus von ca. zwölf Stunden stehen, können regelmäßige Tidenhübe von über zehn und bis zu zwanzig Metern aufweisen. Der Vorteil der Gezeitenenergie ist deren zuverlässige Berechenbarkeit. Nach [STRA1] wird das weltweite Potential der Gezeitenkraftwerke auf ca. 300 GW geschätzt. Aus ökologischen und wirtschaftlichen Gründen ist davon jedoch nur ein kleiner Teil nutzbar. Der Beitrag zur Stromversorgung Europas mit dieser Art der Energiegewinnung dürfte sich daher auch in Zukunft in bescheidenen Grenzen bewegen.

2.6.4 Geothermie

Erdwärme ist eine weitere Energiequelle die in menschlichen Dimensionen betrachtet, unerschöpflich und unabhängig vom Wettergeschehen mit guter Vorhersagbarkeit und Zuverlässigkeit zur Verfügung steht. Allerdings gibt es nur wenige Orte auf dem Globus, wie z.B. Island, an denen diese Erdwärme auf einfache Weise angezapft und energetisch genutzt werden kann. Das trifft insbesondere für die hohen Temperaturen zu, die zur Stromgewinnung mittels thermodynamischer Prozesse erforderlich sind. Die Energiedichte bei einer auf Nachhaltigkeit angelegten Nutzung von Geothermie, dort wo keine besonderen Anomalien vorliegen, ist relativ bescheiden. Ein bedeutender Beitrag zur Stromversorgung Europas wird in dieser Energiequelle aus der Perspektive des Jahres 2010 auch in Zukunft nicht gesehen.

2.6.5 Aufwindkraftwerke

Die Dichte von Luft nimmt bei Erwärmung ab. Erwärmte leichtere Luft steigt auf und kühlere Luft aus der Umgebung strömt nach. Diese durch Sonneneinstrahlung angetriebenen Vorgänge bestimmen das Wettergeschehen in der unteren Atmosphäre. Ein Aufwindkraftwerk verstärkt diese natürlichen Vorgänge indem ein riesiges Treibhaus für eine gezielte Erwärmung der von ihm eingeschlossenen Luftmasse sorgt und der Aufwind durch einen Kamin definiert in hohe Luftschichten geleitet wird. Je höher der Kamin und je größer der Dichteunterschied zwischen aufsteigender erwärmter Luft und Umgebung, desto stärker wird der dabei entstehende Auftrieb. Mit Windturbinen kann aus dem Zug im Kamin Energie gewonnen werden. Aufwindkraftwerke nutzen die ankommende Solarstrahlung mittelbar. Durch einen gewissen Nachlauf können sie nach Sonnenuntergang ggf. noch eine gewisse Zeit lang weiter Energie liefern. Mit einer gewissen zeitlichen Verzögerung hätten derartige Kraftwerke ein vergleichbares Einspeiseverhalten wie globalstrahlungsproportional arbeitende Solarenergieanlagen.

2.6.6 Fallwindkraftwerke

Fallwindkraftwerke kehren das Prinzip der Aufwindkraftwerke um. An der Oberseite des Kamins wird Wasser in warme trockene Luft eingesprüht. Die einsetzende Verdunstung entzieht der dort befindlichen Luft die Wärme und kühlt diese ab. Die kältere, schwerere Luft sinkt innerhalb des Kamins ab. Mit Windturbinen kann aus dem Fallwind Energie gewonnen werden. Ein Vorteil dieser regenerativen Energiegewinnungstechnik wäre die Unabhängigkeit vom lokalen Wettergeschehen und der Tageszeit mit der Möglichkeit, die Leistung nach Bedarf zu steuern. Nach Literaturangaben von Czisch [CZIS1] läge eine wirtschaftlich optimale Baugröße derartiger Kraftwerke bei 1300 Metern Höhe und 400 Metern Durchmesser. Sie kommen für Regionen mit zuverlässig niedriger Luftfeuchtigkeit in Frage. In Europa scheint die Verwirklichung derartiger Bauwerke eher unwahrscheinlich weil unter anderem die Luftfeuchtigkeit an keinem Ort des Kontinents immer so niedrig ist, dass zuverlässig mit einer Leistungsabgabe gerechnet werden könnte. Für die hier vorgenommenen Untersuchungen über den Ausgleichsbedarf einer erneuerbaren Energieversorgung in Europa wird diese Art von Kraftwerken nicht weiter in Erwägung gezogen.

2.7 Energiespeicher für die Stromwirtschaft

Energiespeicher in der Stromwirtschaft dienen der zeitlichen Entkoppelung von Erzeugung und Verbrauch. Abbildung 2.20 gibt einen Überblick über bekannte Speichertechniken für elektrische Energie und deren Einsatzbereiche. In der Stromwirtschaft eines Landes und für den untersuchten Ausgleich erneuerbarer Wind- und Solarenergie werden Speicher benötigt, die über längere Zeiträume große Energiebeträge flexibel aufnehmen und wieder abgeben können. Gefordert wird eine im Kraftwerksmaßstab hohe Leistung in Megawatt [MW] oder Gigawatt [GW]. Siehe dazu in Abbildung 2.20 die schrägen, unter 45° verlaufenden Linien. Weitere Forderungen sind eine hohe Speicherkapazität in Gigawattstunden [GWh] oder Terawattstunden [TWh] (X-Achse des Diagramms) und die Möglichkeit, die gespeicherte Energie ohne Verluste möglichst lange einlagern zu können, Tage, Wochen oder Monate (Y-Achse des Diagramms). Die geforderte Kapazitätsgrößenordnung in GWh (X-Achse) wird im Jahr 2010 von Druckluftspeicherkraftwerken (V), Pumpspeicherkraftwerken (VI), Speicherkraftwerken (VII) und Wasserstoffspeichern (VIII) erreicht.

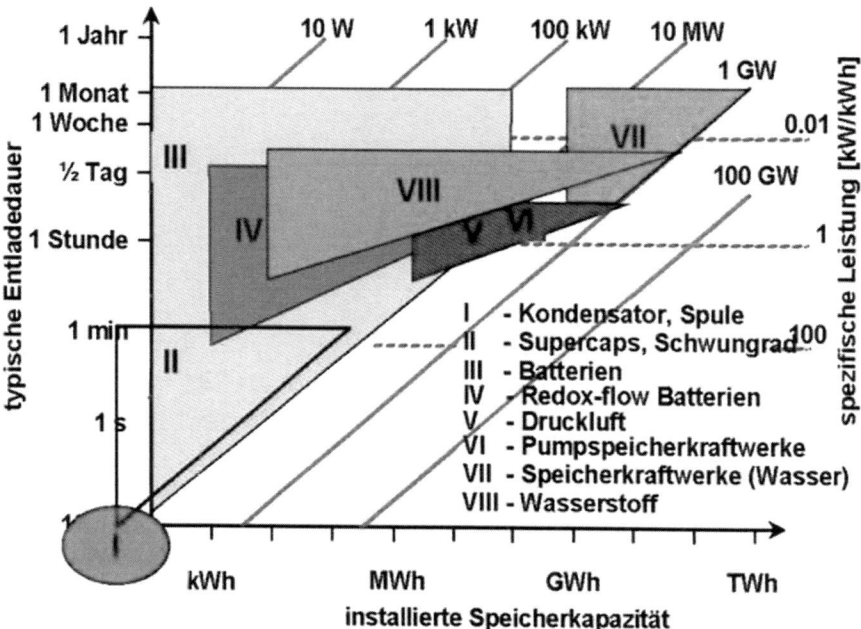

Abb. 2.20. Energiespeicher und ihre Leistungsmerkmale (Quelle: Institut für Stromrichtertechnik und Elektrische Antriebe (iSEA), RWTH Aachen)

Die anderen in Abbildung 2.20 angegebenen Techniken kommen aus derzeitiger Sicht als Langzeitspeicher für die Stromwirtschaft kaum in Frage, weil sie zu hohe Kosten, Selbstentladung, zu geringe Lebensdauer, keine ausreichende Zyklenfestigkeit oder andere Nacheile aufweisen. Nicht berücksichtigt sind in dieser Abbildung Wärmespeicher. Beispielsweise in Verbindung mit thermisch konzentrierenden Solarenergieanlagen ist man damit in der Lage, während des Tages aufgenommene Wärmeenergie vor der Umwandlung in Elektrizität zwischen zu speichern und in der Nacht zu verstromen. Bei entsprechender Auslegung könnte man damit in einem gewissen zeitlichen Umfang, entkoppelt von der augenblicksabhängigen Sonnenstrahlung, bedarfsgerechten Strom liefern.

Das Funktionsprinzip der verschiedenen Speichertechnologien wird als bekannt vorausgesetzt. Eine ausführliche Übersicht über den Stand der Speichertechnik gibt es z.B. zum Herunterladen aus dem Internet bei: D. Sauer, Infrastrukturbedarf und Speicherung elektrischer Energie unter Berücksichtigung des Mobilitätssektors bei hohem Anteil Erneuerbarer Energien [SAUE1]. Speicher- und Pumpspeicherkraftwerke verfügen im Vergleich zu anderen Speichertechnologien über beste Wirkungsgrade und sie verfügen unter den im Jahre 2010 eingesetzten Speichertechnologien über die größten Kapazitäten. An zukünftige Speicher werden sowohl in Bezug auf ihre Kapazität als auch an ihr Leistungsvermögen weit höhere Erwartungen gestellt. Zur Frage, ob Pumpspeichersysteme in der Lage sein werden, auch den zukünftig benötigten Kapazitätsanforderungen gerecht zu werden, soll der nächste Abschnitt einen Beitrag leisten.

2.7.1 Pumpspeicherkraftwerke

Ein Kubikmeter Wasser hat eine Masse von ca. 1000 Kilogramm. Auf einer Höhe von 400 Metern beträgt seine potentielle Energie Epot = 1000 kg · 9,81 m/s² · 400 m = 3,924 MWs = 1,09 kWh. Der Wirkungsgrad moderner Pumpspeicherkraftwerke erreicht ca. 80%. Dieser setzt sich aus den Teilwirkungsgraden für das Aufladen des Speichers η_{pump} durch Hochpumpen des Wassers mit der Pumpenmotorenergie E_{zu} und für das Entladen des Speichers η_{turb} durch das Ablassen des Wassers über eine Turbine mit angeschlossenem Generator zusammen, bei dem die Energie E_{ab} ankommt. Der Gesamtwirkungsgrad setzt sich aus den beiden Teilwirkungsgraden zusammen. Nimmt man an, dass die beiden Teilprozesse etwa gleiche Wirkungsgrade aufweisen würden, dann lägen bei einem Gesamtwirkungsgrad von 81% die beiden Teilwirkungsgrade bei jeweils 90%. Die aus einem Kubikmeter Wasser in 400 Metern Höhe gewinnbare Energie beträgt folglich ca. 1 kWh. Dieser einprägsame Wert ist hilfreich für die nachfolgend durchgeführten Abschätzungen der Größenordnungen von Pumpspeichern, die der Ausgleich von Abweichungen zwischen Erzeugung und Verbrauch erfordern würde.

Nachfolgend wird der Flächenbedarf für verschiedene Speichervarianten unter der Annahme angegeben, dass der gesamte, derzeit in Deutschland umgesetzte Strom mit jährlich ca. 600 TWh, wie in Tabelle 2.6 angenommen, aus volatiler Erzeugung käme und im Tagesladungsmaßstab auszugleichen wäre. Der dabei angegebene Turbinenwirkungsgrad η_{Turb}, der auch mit Entladewirkungsgrad bezeichnet werden könnte, gibt die gewinnbare elektrische Energie im Verhältnis zu der im Oberbecken des Pumpspeichers befindlichen potentiellen Energie des gespeicherten Wassers wieder. Der beim Entladen über die Turbine erreichbare Wirkungsgrad ist bei realen technischen Anlagen in der Regel besser als der beim Pumpen. Z.B. ergibt ein Pumpenwirkungsgrad von 88% und ein Turbinenwirkungsgrad von 94% einen Gesamtwirkungsgrad von 88% · 94% = 80%.

2.7 Energiespeicher für die Stromwirtschaft

Tabelle 2.6. Ausgangsgrößen zur Bestimmung des Speicherbedarfs für eine vollständig regenerative Energieversorgung Deutschlands.

Jahresstrombedarf	600	TWh		
durchschnittlicher Tagesbedarf	1644	GWh	= 1,64	TWh
Durchschnittsleistung	68	GW		
Turbinenwirkungsgrad Eta (η_{Turb})	94%			

Die Kapazität von Pumpspeichern als Funktion der Fallhöhe bei einem Entladewirkungsgrad von 94% ($E_{pot} = m \cdot g \cdot h \cdot \eta$) zeigt Tabelle 2.7 auf.

Tabelle 2.7. Pro m³ Wasser gespeicherte Energie in Abhängigkeit des Höhenunterschieds der Speicherbecken bei einem Entladewirkungsgrad von 94%.

mittlere Höhendifferenz [m]	gespeicherte Energie [Ws/m³]	[kWh/m³] = [TWh/km³]
100	922	0,26
200	1.844	0,51
300	2.766	0,77
400	3.689	1,02
500	4.611	1,28
600	5.533	1,54
800	7.377	2,05
1000	9.221	2,56

Daraus ergäbe sich für Deutschland der in Tabelle 2.8 ermittelte Volumenbedarf für Pumpspeicher in Abhängigkeit des Kapazitätsbedarfs:

Tabelle 2.8. Volumenbedarf in Kubikkilometern für Pumpspeicher nach Kapazitätsbedarf in Tagesladungen, für eine Vollversorgung Deutschlands mit einer Durchschnittsleistung von 68 GW.

Höhen-differenz		erforderliches Volumen zur Speicherung des deutschen Stromverbrauchs für							
		1	2	5	10	20	50	100	Tage
100	m	6,4	13	32	64	128	321	642	km³
200	m	3,2	6,4	16	32	64,2	160	321	km³
300	m	2,1	4,3	11	21	42,8	107	214	km³

Tabelle 2.8. Fortsetzung

Höhen-differenz		erforderliches Volumen zur Speicherung des deutschen Stromverbrauchs für							
		1	2	5	10	20	50	100	Tage
400	m	1,6	3,2	8	16	32,1	80	160	km³
500	m	1,3	2,6	6,4	13	25,7	64	128	km³
600	m	1,1	2,1	5,3	11	21,4	54	107	km³
800	m	0,8	1,6	4	8	16	40	80	km³
1000	m	0,64	1,3	3,2	6,4	12,8	32	64	km³

Übertragen auf Pumpspeicher mit 20 Metern Pegelschwankung errechnet sich daraus in Abhängigkeit des Kapazitätsbedarfs der in Tabelle 2.9 angegebene Flächenbedarf.

Tabelle 2.9. Flächenbedarf für Pumpspeicherbecken mit 20 Meter Pegelschwankung. Die Flächen sind mal zwei zu nehmen, einmal für das Oberbecken und einmal für das Unterbecken.

mittlere Höhen-differenz		Flächenbedarf zur Speicherung des deutschen Stromverbrauchs für							
		1	2	5	10	20	50	100	Tage
100	m	321	642	1.604	3.209	6.417	16.044	32.087	km²
200	m	160	321	802	1.604	3.209	8.022	16.044	km²
300	m	107	214	535	1.070	2.139	5.348	10.696	km²
400	m	80	160	401	802	1.604	4.011	8.022	km²
500	m	64	128	321	642	1.283	3.209	6.417	km²
600	m	53	107	267	535	1.070	2.674	5.348	km²
800	m	40	80	201	401	802	2.005	4.011	km²
1000	m	32	64	160	321	642	1.604	3.209	km²

Zur Einordnung der Werte können folgende Angaben diesen:

- Das Unterbecken des im Jahr 2010 größten deutschen Pumpspeichers Goldisthal im Thüringer Wald ist im Normalbetrieb auf eine Pegelschwankung von 20 Metern, das Oberbecken von 25 Metern ausgelegt. Der Höhenunterschied beträgt ca. 300 Meter. Das Austauschvolumen beträgt ca. 12 Mio. m³ = 0,012 km³. Für das Unterbecken bestimmt sich daraus die Wasseroberfläche auf ca. 0,6 km², für das Oberbecken auf ca. 0,5 km². Die Speicherkapazität reicht für ca. 8 Stunden Generatorbetrieb bei voller Leistung mit ca. einem Gigawatt.

- Die Fläche der Bundesrepublik Deutschland beträgt 357.058 km². Der Flächenbedarf für den Ausgleich volatiler Kraftwerke durch Pumpspeicher mit 50 Tagen Kapazität, 20 Metern Pegelschwankung und 300 Meter Höhenunterschied würde 2 · 5.350 km² = 10.700 km² Bodenfläche erfordern. Das wären ca. 3% des Landes oder 5,6% der Agrarfläche.

Die durchgeführte Betrachtung zeigt, dass der Flächenbedarf zum Ausgleich volatiler Erzeugungsformen bei der angenommenen Auslegung erhebliche Ausmaße annähme. Im Vergleich zu einer Energieversorgung auf der Basis nachwachsender Rohstoffe (siehe Unterkapitel 2.4 Biomasse zur Stromerzeugung) würde der Einsatz von Speichern aber deutlich weniger Bodenfläche beanspruchen.

Angemerkt sei an dieser Stelle, dass der Speicherkapazitätsbedarf durch eine entsprechende Auslegung des Gesamtsystems auf einen kleinen Teil der angegebenen 50 Tage reduziert werden kann.

Tabelle 2.10. Flächenbedarf für Pumpspeicherbecken mit 100 Metern Pegelschwankung. Die Flächen sind mal zwei zu nehmen, einmal für das Oberbecken und einmal für das Unterbecken.

mittlere Höhendifferenz		Flächenbedarf zur Speicherung des deutschen Stromverbrauchs bei 100 Metern Pegelschwankung für						
		1	2	5	10	20	50	100	Tage
200	m	32	64	160	321	642	1.604	3.209	km²
300	m	21	43	107	214	428	1.070	2.139	km²
400	m	16	32	80	160	321	802	1.604	km²
500	m	13	26	64	128	257	642	1.283	km²
600	m	11	21	53	107	214	535	1.070	km²
800	m	8	16	40	80	160	401	802	km²
1000	m	6	13	32	64	128	321	642	km²

Je größer die Pegelschwankungen realisiert werden, desto geringer wird der Flächenbedarf. Naheliegend ist es deshalb, über Pumpspeicher mit größeren Pegelschwankungen nachzudenken.

Bei Pumpspeichern mit einer Kapazität von 50 Tagesladungen zur Vollversorgung Deutschlands, 100 Metern Pegelschwankung und 300 Metern Höhenunterschied, ergäben sich nach Tabelle 2.10 beispielsweise $2 \cdot 1.070$ km² = 2.140 km². Das wären ca. 0,6% des Landes oder 1,1% der Agrarfläche.

Der Flächenbedarf von Pumpspeichersystemen zum Ausgleich der Flauten volatiler Erzeugungsformen geht bei der Realisierung großer Pegelschwankungen deutlich zurückgeht.

Derartige Speichersysteme in Verbindung mit Wind- und Solarenergieanlagen würden einen Bruchteil der Flächen erfordern, die für eine bedarfsgerecht verfügbare Stromversorgung durch Anbau nachwachsender Rohstoffe erforderlich wären. Je größer die Pegelschwankungen, desto größer dürften allerdings die Herausforderungen für eine parallele Nutzung der entstehenden Wasserflächen zu Freizeitzwecken, Fischzucht und zur Verfolgung ökologischer Zielsetzungen werden.

Die durchgeführten Betrachtungen zeigen allerdings, dass durch Einsatz eines kleinen Teils der Fläche der Bundesrepublik Deutschland, Energiespeicher geschaffen werden könnten, die es ermöglichen, die Stromerzeugung vollkommen auf fluktuierende Quellen, wie Wind und Sonne umzustellen.

2.7.1.1 Ringwallspeicher

In Gebieten mit großräumig ertragreichen Standorten für Windenergie, sind in der Regel nicht die topografischen Verhältnisse, um Pumpspeicher, die der üblichen Vorstellung entsprechen, in das Gelände einpassen zu können. Das würde Landschaften mit großen Höhenunterschieden erfordern, die es zulassen, in den Berg- und Tallagen große, im Volumen aufeinander abgestimmte Stauseen anzulegen. Selbst in den Gebirgen sind dafür geeignete Standorte selten und nicht leicht aufzufinden und zu erschließen. Daraus folgt die Überlegung, künstliche Landschaften, die sich als Energiespeicher eignen, dort zu errichten, wo Windenergie in großem Umfang unter günstigen Voraussetzungen gewonnen werden kann.

Als einfachste Form so einer künstlich angelegten Landschaft bietet sich ein Wall mit zentralem Oberbecken und einer darum angeordneten Ringfläche als Unterbecken an, wie in Abbildung 2.21 dargestellt. Bei Offshore Anlagen in tieferen Gewässern bietet sich auch die Umkehrung, mit abgesenktem Innenbecken an. Einen Querschnitt dazu zeigt die Abbildung 2.22. Diese Offshore-Variante könnte insbesondere in sonnenscheinreichen Gebieten interessant sein, wo die Verdunstung größer ist als der Niederschlag.

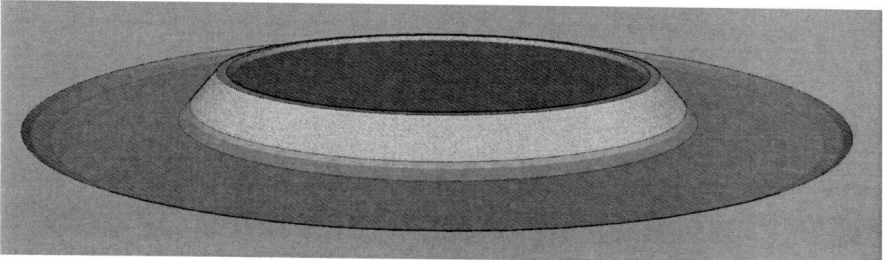

Abb. 2.21. Ringwallspeicher für das „flache Land"

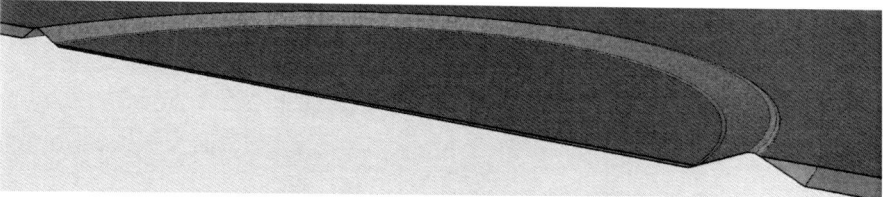

Abb. 2.22. Ringwallspeicher für tiefe Gewässer.

Ringwallspeicher auf dem Land

Die Daten eines Ringwallspeichers mit einem Aufbau nach Abbildung 2.21, einer Kapazität von 30 Tagesverbräuchen bei einer Durchschnitts-Abgabeleistung von 10 GW könnten beispielsweise lauten, wie in Tabelle 2.11 angegeben. Das Volumen des Ringwalls entspräche dabei gerade dem Erdbauvolumen, das zur Schaffung des Wasserrings für das Unterbecken ausgehoben werden müsste.

Zahlreiche Tagebaue, z.B. für Braunkohle, graben vergleichbare Dimensionen von Landfläche um. Zum Beispiel liefert http://de.wikipedia.org/wiki/Liste_deutscher_Tagebaue einen umfassenden und aufschlussreichen Überblick zu den deutschen Tagebauen. Summiert man die Tagebauflächen der dort angegebenen 80 Reviere, soweit die Angaben vorhanden

48   Kapitel 2 - Bausteine einer erneuerbaren Stromversorgung

sind, dann kommt man auf zusammen über 1000 km². Darunter befindet sich auch eine große Zahl stillgelegter Tagebaue. Der größte deutsche Tagebau Hambach reicht nach http://de.wikipedia.org/wiki/Tagebau_Hambach bis zu 399 Meter unter das Geländeniveau. In Verbindung mit der angegebenen Ausdehnung von im Jahr 2010 ca. 40 km², die nach Genehmigung noch auf 85 km² anwachsen soll, ergibt sich ein Tagebauvolumen von überschlägig 40 km² · 0,4 km = 16 km³. Das ist mehr, als das Erdbauvolumen des skizzierten Ringwallspeichers.

Tabelle 2.11. Beispieldaten eines Ringwallspeichers der im gefüllten Zustand über 30 Tage eine Durchschnittsleistung von 10 Gigawatt abgeben könnte.

Oberbecken:	
Dammkrone	
Höhe über Umgebungsgelände:	440 m
Durchmesser:	9,6 km,
Umfang:	30 km,
Oberbeckenfläche ca.	73 km²
Böschungswinkel:	32°
entspricht einer Steigung von	63%
oder einem Steigungsverhältnis von	1 zu 1,6
Pegelschwankung oben:	100 m
Ringwallvolumen:	9,54 km³
Unterbecken:	
Innendurchmesser:	11 km
Außendurchmesser:	22,2 km
Wasserring-Fläche	290 km²
Pegelschwankung:	25 m
Gesamtwassertiefe:	34,5 m
Gesamtsystem:	
Austauschvolumen:	7 km³
Gesamtflächenbedarf:	400 km²
gesamte Wasserfüllung:	37 km³
Speicherkapazität	7 TWh

Würde der Abraum geordnet zu Ringwällen aufgeschichtet und die Tagebaugruben bei Erschöpfung der Vorräte so ausgebildet, dass ein Untersee entsteht, dann wäre damit ohne große zusätzliche Kosten der Landschaftsbau für einen Pumpspeicher erfolgt und ein nachhaltiger Beitrag zur Energiesicherheit des Landes geleistet.

Touristische Nutzung, die im Jahr 2010 häufig für geflutete Becken stillgelegter Tagebaue angestrebt bzw. umgesetzt wird, könnte im Unterbecken eines Ringwallspeichers der beispielhaft beschriebenen Form ebenfalls stattfinden. Bei dreizehn der unter http://de.wikipedia.org/wiki/Liste_deutscher_Tagebaue aufgeführten, stillgelegten Tagebaue ist „geflutet" angegeben oder es wird explizit auf eine Freizeitnutzung als Wassersportfläche hingewiesen. Zudem würde ein interessanter Berg entstehen, der weitere Abwechslung ins flache Land bringen könnte. Schwimmende Landschaften auf den entstehenden Seen könnten attraktive Wohnlagen aber auch Rückzugszonen für wasserliebende Flora und Fauna bieten.

Wie sich in den weiteren Kapiteln des Buches zeigen wird, würden fünf derartige Ringwallspeicher gut ausreichen, um die komplette Stromversorgung Deutschlands, ohne kontinentale Vernetzung, auf regenerative Erzeugung allein aus Windenergie umstellen zu können. Die Wasserringe würden zusammen weniger als 0,6 % der Landesfläche Deutschlands beanspruchen. Eine Notwendigkeit zur Nutzung von Agrarflächen für eine Stromerzeugung aus Biomasse gäbe es damit nicht mehr.

Natürlich kann die Überlegung mit den Ringwallspeichern auch mit kleineren Dimensionen, Leistungen und einer größeren Anzahl von Einheiten angestellt werden. Die Technik zur Erstellung derartiger Wälle ist in unserem Lande umfassend vorhanden. Zur Abschätzung der technischen Machbarkeit und der Sicherheit derartiger Bauwerke folgen einige Daten zu existierenden, in Bau oder in Planung befindlichen Talsperren:

Der im Jahr 1980 fertiggestellte Nurek-Staudamm[8] in Tadschikistan ist im Jahr 2010 die weltweit höchste Talsperre mit einer Höhe von 300 Metern. Wegen der Erdbebengefährdung des Gebietes wurde er als Erdschüttdamm mit einem Kern aus Lehm und Ton ausgeführt. Noch höher könnte der Rogun-Staudamm[9], ebenfalls in Tadschikistan, werden, der mit einer Höhe von 335 Metern geplant ist.

---

[8] http://de.wikipedia.org/wiki/Nurek-Staudamm, Zugriff am 14.02.2010.
[9] http://de.wikipedia.org/wiki/Rogun-Staudamm, Zugriff am 14.02.2010.

Den mit 224 km längsten Staudamm wird die in Bau befindliche Chapetón Talsperre[10] in Argentinien bekommen.

Das weltweit größte Dammvolumen weist der Syncrude Tailings-Damm[11] in Kanada mit 540 Mio. Kubikmeter, also ca. einem halben Kubikkilometer auf.

Der 1959 errichtete Kariba Stausee[12] an der Grenze von Simbabwe und Sambia im südlichen Afrika weist in der Liste der größten Stauseen[13] der Erde nach dem afrikanischen Viktoria-See das zweitgrößte Speichervolumen mit 180 km³ auf. Er bedeckt dabei eine Fläche von ca. 5580 km².

Der im Jahre 1966 fertig gestellte Volta-Stausee[14] bei Akosombo im südlichen Ghana (Afrika) ist der flächenmäßig größte, vollständig von Menschen künstlich geschaffene Stausee der Erde. Sein Stauraum beträgt 153 km³ bei einer Wasseroberfläche von ca. 8500 km².

Der Gesamtstauraum des Drei-Schluchten-Damms[15] in China beträgt 39,3 km³ bei einer Wasseroberfläche von 1.085 km². Der Bodensee hat im Vergleich dazu ein Volumen von 48 km³ bei einer Wasserfläche von 536 km².

Diese Angaben in Verbindung mit den Erfahrungen aus der Tagebautechnik zeigen, dass die technischen Herausforderungen, die ein Ringwallspeicher in der als Beispiel und Denkanstoß gezeigten Dimension von 440 Metern Höhe mit sich bringen würde, lösbar erscheinen. Mit etwas geringerer Bauhöhe gibt es für viele Details Lösungen bei existierenden Anlagen, die in einer konkreten und zu optimierenden Konzeption zu beleuchten wären.

Obwohl in einen Ringwallspeicher der skizzierten Dimension, ein Wasservolumen einzubringen wäre, das an die Größenordnung des Bodensees heranreicht, sollte es sich dennoch um eine sichere Anlage handeln. Angesichts der gewaltigen Erdmassen, die bei einem Sabotageakt auf einen Ringwall bewegt werden müssten, um ein schnelles, unkontrolliertes Auslaufen herbeizuführen, das über ein Auffüllen des Unterbeckens hinausginge, kann angenommen werden, dass das nur durch Einsatz von nuklearer Sprengtechnik möglich wäre. Aus dem Ringwall müsste ei-

---

[10] http://de.wikipedia.org/wiki/Chapetón, Zugriff am 14.02.2010.
[11] http://de.wikipedia.org/wiki/Syncrude_Tailings, Zugriff am 14.02.2010.
[12] http://de.wikipedia.org/wiki/Kariba-Talsperre, Zugriff am 14.02.2010.
[13] http://de.wikipedia.org/wiki/Liste_der_größten_Stauseen_der_Erde, Zugriff am 14.02.2010.
[14] http://de.wikipedia.org/wiki/Volta-Stausee
[15] http://de.wikipedia.org/wiki/Drei-Schluchten-Damm

ne Bresche von über 100 Metern Tiefe von der Dammkrone abwärts geschlagen werden, damit es zu einem Überlaufen des unteren Wasserrings kommen könnte. In diesem Bereich hätte der Damm, je nach konkreter Ausführung bereits eine Breite von über 300 Metern. Die allein mit so einer nuklearen Sprengung ausgelöste nukleare Katastrophe dürfte eine viel weitreichendere Wirkung haben, als das dann auslaufende und die Umgebung überschwemmende Wasser. Ein reales Sicherheitsproblem, das gegenüber vielen anderen Risiken, mit denen die Menschheit immer leben muss hinaus geht, dürfte es deshalb mit dem aufgestauten Wasservolumen eines Ringwallspeichers nicht geben.

Ringwallspeicher im Meer

Auch Offshore, in einem flachen Meer kann über die Errichtung eines Ringwallspeichers nachgedacht werden. Technik, ähnlich der zur Schaffung einer Palme, wie eine der künstlich angelegten Inselnlandschaften in Dubai genannt wird, könnte bei uns dafür sorgen, dass ohne Landverbrauch unsere Abhängigkeit von Öl und Gas vermindert wird. Bei einem Ringwallspeicher im Meer würde das Meer selbst als eines der Becken fungieren. Bei angehobenem Innenbecken wäre das Meer das Unterbecken (Abb. 2.23), bei abgesenktem Innenbecken wäre das Meer das Oberbecken (Abb. 2.24).

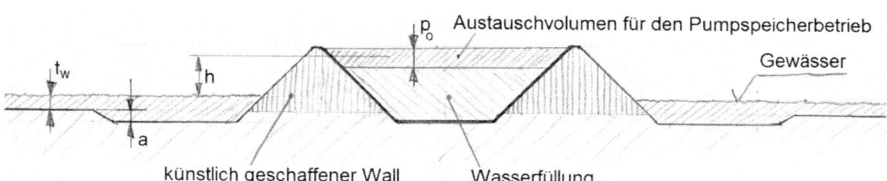

Abb. 2.23. Ringwallspeicher mit erhöhtem Innenbecken in einem Gewässer (z.B. Meer oder See). t_w: Wassertiefe, a: Abgrabungstiefe zur Gewinnung des Wallvolumens, h: mittlerer Höhenunterschied des Austauschvolumens, p_o: Pegelschwankung oben.

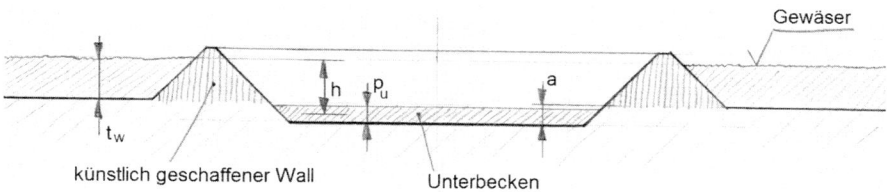

Abb. 2.24. Ringwallspeicher mit abgesenktem Innenbecken in einem Gewässer (z.B. Meer oder See). t_w: Wassertiefe, h: mittlerer Höhenunterschied des Austauschvolumens, p_u: Pegelschwankung unten, a: Abgrabungstiefe zur Gewinnung des Wallvolumens.

Der Flächenverbrauch im Meer würde sich gegenüber einem Ringwallspeicher an Land deutlich vermindern, weil nur ein Becken mit dem erforderlichen Höhenunterschied zur Meeresoberfläche benötigt wird.

Das in den Skizzen der Abbildungen 2.23 bis 2.25 gezeigte Verhältnis von Durchmesser zu Höhe wäre in Wirklichkeit viel größer. Nur dadurch kann so eine Anlage zu einer wirtschaftlich interessanten Konfiguration führen.

Insbesondere die in Abbildung 2.24 gezeigte Variante mit abgesenktem Innenbecken hätte den psychologischen Vorteil, dass diese keine Ängste vor einem Auslaufen des Oberbeckens auslösen kann. Das umgebende Meer würde im Falle einer bewusst herbeigeführten Zerstörung des Ringwalls einfach das Unterbecken auffüllen.

Ringwallspeicher als Folge von Tagebau

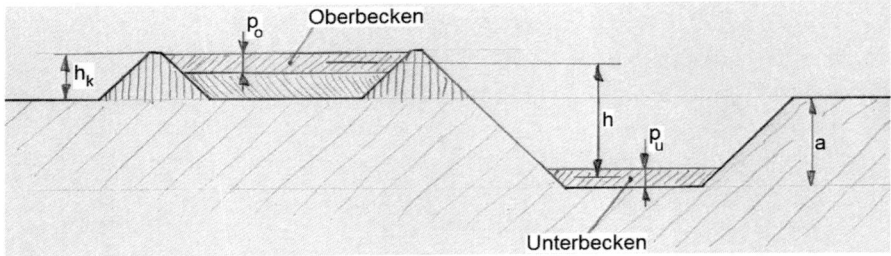

Abb. 2.25. Künstliche Landschaft mit abgesenktem Unterbecken auf dem Land (z.B. als Folge von Tagebau). h_k: Höhe der Dammkrone, p_o: Pegelschwankung im Oberbecken, h: mittlere Höhendifferenz des Austauschvolumens, p_u: Pegelschwankung im Unterbecken, a: Abgrabungstiefe.

Die kreisförmigen Innenbecken und die konzentrischen Außenbecken für Ringwallspeicher, wie sie vorher gezeigt wurden, führen zu kurzen Wegen und minimieren das Erdbauvolumen. Sachzwänge bei konkreten Vorhaben, wie die Verteilung von Rohstoffen in Tagebaugebieten, Besiedlung, vorhandene Infrastruktur, geologische Verhältnisse, Landschaftsschutzgebiete, die Möglichkeiten des Landerwerbs, usw., können dazu führen, dass die künstlichen Landschaften, in welche die Pumpspeicher eingebaut werden, auch andere, von kreisrunden Ringwällen abweichende Formen annehmen. Das soll mit Abbildung 2.25 angedeutet werden.

Auch in Landschaften die auf den ersten Blick zu geringe Höhenunterschiede oder ungeeignet erscheinende Topographien aufweisen, können durch sinngemäße Anwendung der geschilderten Überlegungen große Energiespeicher errichtet werden. Dabei können vorhandene, aber für übliche Pumpspeicherkraftwerke nicht ausreichende Höhenunterschiede genutzt werden, um die Massenbewegungen für den Erdbau deutlich zu reduzieren. Das eröffnet die Möglichkeit über die Nutzung von Landstrichen als Energiespeicher nachzudenken, in denen dem Natur- und Landschaftsschutz nicht der hohe Stellenwert eingeräumt wird, wie in den bisher für Pumpspeicherkraftwerke eingesetzten, unmittelbar geeignet erscheinenden Gebirgslagen. Diese sind nicht selten auch Rückzugsgebiete gefährdeter Arten.

Ringwallspeicher im Vergleich zu Gebirgsspeichern

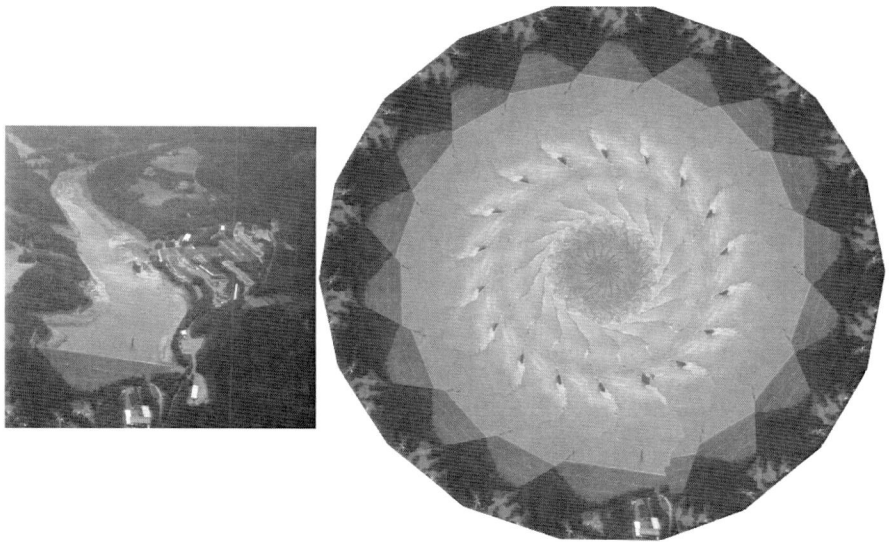

Abb. 2.26. Vorstellung von mehreren kleinen Stauseen, wie sie typischer Weise in Gebirgstälern geformt sind, die in einen Ringwall eingepasst wurden. Für die Bildmontage verwendet wurde die Talsperre des links dargestellten Pumpspeicherkraftwerks Markersbach im Erzgebirge, Sachsen.

Abbildung 2.26 zeigt links das Unterbecken des nach Goldisthal zweitgrößten deutschen Pumpspeicherkraftwerk Markersbach im Erzgebirge (siehe z.B. http://de.wikipedia.org/wiki/Pumpspeicherwerk_Markersbach). In der rechten Bildmontage wurde die Talsperre 18 Mal in 20° Schritten gedreht und als Ringwallgebilde dargestellt. Der Damm der Talsperre weist nach Angaben des Betreibers, der Vattenfall Europe AG, eine Höhe von ca. 54 Metern auf. Das damit angestaute Unterbecken hat eine Länge von ca. 2,2 Kilometern. Als Bau-Bauwerksvolumen für das Oberbecken gibt der Betreiber 3,35 Mio. m³ und für die

Talsperre 1,5 Mio. m³ an. Das ergibt zusammen ca. 4,85 Mio. m³. Der Speicherraum des Oberbeckens beträgt 6,46 Mio. m³, der Höhenunterschied beträgt 288 Meter. Die Energiedichte beträgt damit ca. 0,74 kWh/m³ und die gespeicherte Energie liegt bei ca. 4,8 GWh. Als Bauwerksvolumen pro Kilowattstunde Speicherkapazität ergibt sich aus diesen Werten ca. 4,85 Mio. m³ / 4,8 GWh = 1,01 m³/kWh. Der in Tabelle 2.11 als Beispiel vorgestellte Ringwallspeicher mit 10 GW Leistung und 30 Tagen Kapazität käme bei einem Bauwerksvolumen von ca. 9,5 Mrd. m³ und einer Speicherkapazität von ca. 7,1 TWh auf ein Verhältnis von ca. 1,3 m³/kWh. Würde man die im Ringwallspeicher-Beispiel angesetzte Pegelschwankung von 100 Metern im Oberbecken weiter erhöhen, dann käme man ohne Weiteres auf das gleiche Verhältnis von Bauvolumen zu Speicherkapazität, wie bei existierenden Pumpspeichern in deutschen Mittelgebirgen. Die in Abbildung 2.26 als Bildmontage dargestellte „Torte" soll verdeutlichen, dass ein Ringwallspeicher im flachen Land nichts anderes ist, als ein erheblich vergrößerter Gebirgsspeicher.

Als Wasserflächen werden in Markersbach ca. 44 Hektar für das Oberbecken und ca. 49 Hektar für das Unterbecken angegeben. Zusammen ist das knapp ein Quadratkilometer. Der in Tabelle 2.11 beispielhaft dargestellte Ringwallspeicher hätte bei 400-fachem Flächenbedarf eine ca. 1500-fache Speicherkapazität.

Die Wirtschaftlichkeit eines derart großen Energiespeichers ergäbe sich aus seiner Größe. Das Verhältnis der erforderlichen Massenbewegungen zum Energieinhalt des Speichers verbessert sich damit zunehmend. Bei Verdoppelung der Durchmesser kommt es zu einer Vervierfachung der Flächen und mit der Verdoppelung der Höhen zu einer Verachtfachung der Volumen. Weil dieses Volumen mit der doppelten mittleren Höhendifferenz zur Verfügung steht, kommt es zur Versechzehnfachung des Energieinhalts. Allein die Größe der Maßnahme würde spezifische Kosten der benötigten Techniken und Leistungen unterhalb der Werte ermöglichen, die den sonst üblichen, viel kleineren Bauwerken zu Grunde liegen.

2.7.2 Druckluftkavernenspeicher[16]

Druckluftkavernenspeicher sind eine weitere, auf mechanischen Prinzipien beruhende Speichertechnologie. Ohne Wärmerückgewinnung liegen die erreichbaren Wirkungsgrade zwischen 40% und 60%, mit Wärmerückgewinnung können bis zu

---

[16] Siehe z.B. http://www.ier.uni-stuttgart.de/abteilungen/eam/dokws/pdf_dateien/kruck_f.pdf

70% Wirkungsgrad erreicht werden. Ohne Wärmerückgewinnung spricht man von diabatischen, mit Wärmerückgewinnung von adiabatischen Systemen. Adiabatisch bedeutet ohne Wärmeaustausch mit der Umgebung. Die Wärme wird dabei im Speichersystem zurückgehalten. Dafür sind zusätzlich zur Druckluftkaverne auch Wärmespeicher erforderlich, welche die beim Verdichten der Luft entstandene Wärme aufnehmen und diese beim Entspannen der Luft wieder zuführen. Bei diabatischen Systemen geht die Wärmeenergie ungenutzt an die Umgebung verloren bzw. wird bewusst durch Kühleinrichtungen abgeführt. Dagegen wird bei adiabatischen Systemen die zwischengespeicherte Wärme in möglichst hohem Maße der Luft beim Entspannen zur Energierückgewinnung wieder zugeführt. Der Wärmespeicher eines adiabatischen Systems erhöht die Kosten. Die Isolierung eines Wärmespeichers wird umso aufwändiger, je größer der Zeitraum zwischen Aufladung und Entladung ist.

Druckluftspeicher können unter Umständen günstiger als Pumpspeicher errichtet werden, erfordern jedoch wegen des geringeren Wirkungsgrades von Haus aus eine höhere Überkapazität bei den volatilen Erzeugungskraftwerken. Druckluftkavernenkraftwerke können eine Alternative oder Ergänzung zu Pumpspeichern sein, wenn die erforderlichen unterirdischen Hohlräume geschaffen werden können und die Herstellkosten und der erhöhte Kraftwerksbedarf zur Stromerzeugung das aufgrund weiterer Gesichtspunkte rechtfertigen. Druckluftkavernenkraftwerke beanspruchen oberirdisch praktisch keine Landflächen, sofern der Druck in der Kaverne nicht mit Hilfe eines oberirdisch angelegten Sees konstant gehalten wird.

2.7.3 Wasserstofftechnologie

Als weitere Speicheralternative wird die Wasserstofftechnologie diskutiert. Mit vorhandenen Anlagen im Jahr 2010 werden Wirkungsgrade um 20% erreicht. Dieser ergibt sich aus einem Elektrolysewirkungsgrad um 60% und einem Brennstoffzellenwirkungsgrad um 40%. Transport und Lagerung unter hohem Druck oder bei Tieftemperatur sind weitere energiezehrende Verfahrensschritte. In der Literatur wird ein zukünftiges Steigerungspotential auf 30% bis 50% gesehen[17]. Wegen dem aus Sicht des Jahres 2010 geringen Wirkungsgrads wäre eine noch höhere Überkapazität bei den volatilen Erzeugungskraftwerken erforderlich, um die Speicherverluste auszugleichen. Ob diese Technologie wirtschaftlich in Kon-

---

[17] z.B. www.eurosolar.de/de/images/stories/pdf/SZA-4_06_Sauer_Optionen_Speicher_layout.pdf S. 27 ff

kurrenz zu den beiden vorher diskutierten Techniken treten kann, erscheint fraglich, solange der Wirkungsgrad nicht deutlich verbessert werden kann. Der oberirdische Flächenbedarf einer Wasserstofftechnologie wäre, wie bei den Druckluftkavernen, ohne Bedeutung. Zur Verarbeitung von Strom, der bei vollen Speichern anfällt, erscheint die Wasserstofftechnologie sinnvoll, um Treibstoff für die Fahrzeugflotte und für eine zukünftige Verwendung in Brennstoffzellen zu liefern.

2.7.4 Chemische Speicher[18]

Blei-Akkumulatoren oder Lithium-Ionen-Batterien weisen ähnliche und noch bessere Wirkungsgrade als Pumpspeicherkraftwerke auf. Allerdings liegen die Herstellkosten für diese Speicher beim 10- bis 100-fachen der Kapazitätskosten eines Pumpspeichers. Weiterhin unterliegen sie einer gewissen Selbstentladung, haben eine kürzere Lebensdauer und versagen nach einer geringeren Anzahl von Zyklen. Diese Speicher haben eine hohe Bedeutung im Kraftfahrzeugsektor und für eine zukünftige Umstellung der Fahrzeugflotte auf Elektroantriebe. Für den Ausgleich über mehrere Tage volatiler Einspeisung ins Stromnetz kommen Sie aufgrund Ihrer hohen Kosten und der begrenzten Lebensdauer auf absehbare Zeit wahrscheinlich nicht in Frage. Gut geeignet erscheinen sie jedoch zum Ausgleich der Tag/Nacht-Schwankungen des Strombedarfs, für den heutige Pumpspeicher eingesetzt werden. Absolut sinnvoll erscheint die Aufladung der Speicher von Elektroautos in der Nacht bzw. dann, wenn Stromüberschüsse vorhanden sind. Wenn daran gedacht wird, diese Speicher auch in umgekehrter Richtung zu nutzen – in Flautezeiten würden damit die Elektroautos entladen – dann würden diese Kapazitäten aber kaum ausreichen, um einen Zeitraum, der sich auf viele Tage bemessen kann, zu überbrücken.

---

[18] Einen umfassenden Überblick zu den Speichertechnologien gibt z.B. D. Sauer, Infrastrukturbedarf und Speicherung elektrischer Energie unter Berücksichtigung des Mobilitätssektors bei hohem Anteil erneuerbarer Energien, Schweizerische Energiestiftung – Fachtagung „Mythos Stromlücke", Zürich, 31.08.2007. Herunter zu laden z.B. unter http://www.isea.rwth-aachen.de/publications.

2.8 Stromexport, -Import und Prioritätsregeln

Bei einer kontinentalen Vernetzung volatiler Erzeugungsgebiete bedarf es klarer Regelungen für die Verbundteilnehmer, wie bei Produktionsüberschüssen und Defiziten zu handeln ist, damit das Gesamtsystem einen transparenten und stabilen Zustand aufweist. Reicht die temporär verfügbare volatile Erzeugungsleistung einer Region in vernetzten, auf Speicherbasis arbeitenden Verbundsystemen nicht aus, dann wären die Prioritätsregeln aus Abbildung 2.27 bei der Verwendung der verfügbaren Bezugsquellen einzuhalten. Je nach Verfügbarkeit von Importstrom würde die Versorgung betroffener Gebiete wie folgt stattfinden:

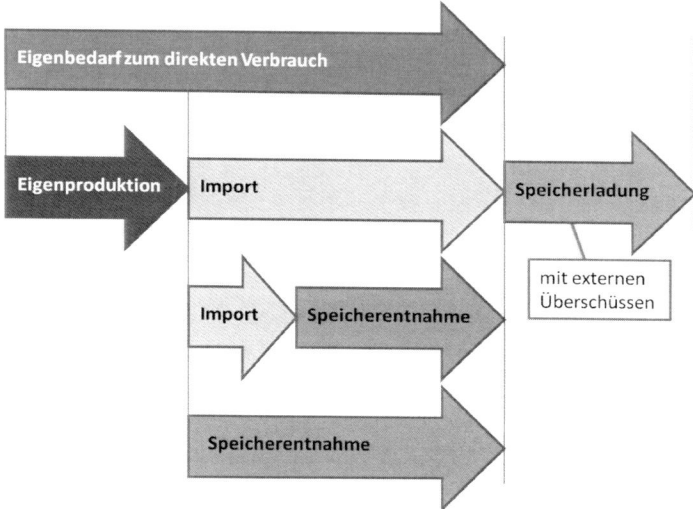

Abb. 2.27. Prioritätsregeln zur Verwendung verfügbarer Strombezugsquellen bei zu geringer volatiler Eigenproduktion.

1. Die verfügbare Eigenproduktion wäre in vollem Umfang dem Eigenbedarf zuzuführen.

2. Sollte ein Exportangebot für Strom aus anderen Regionen vorhanden sein, dann wäre dieses als nächstes im verfügbaren Umfang zu verwenden.

3. Sollte ein darüber hinausgehendes Exportstromangebot vorliegen, dann würde dieses zur Aufladung der eigenen Speicher herangezogen.

4. Reicht das Exportangebot nicht aus, dann müsste der Rest aus dem eigenen Speicher entnommen werden.

5. Steht überhaupt kein Exportangebot zur Verfügung, dann wäre der vollständige, nicht durch Eigenproduktion gedeckte Bedarf aus dem Speicher zu entnehmen.

Wenn die verfügbare Eigenproduktion den Eigenbedarf einer Region übersteigt, dann werden zwei Prioritätsregeln unterschieden.

2.8.1 Speicherpriorität

Eine naheliegende Möglichkeit bestünde in der Umsetzung der in Abbildung 2.28 aufgezeigten Strategie.

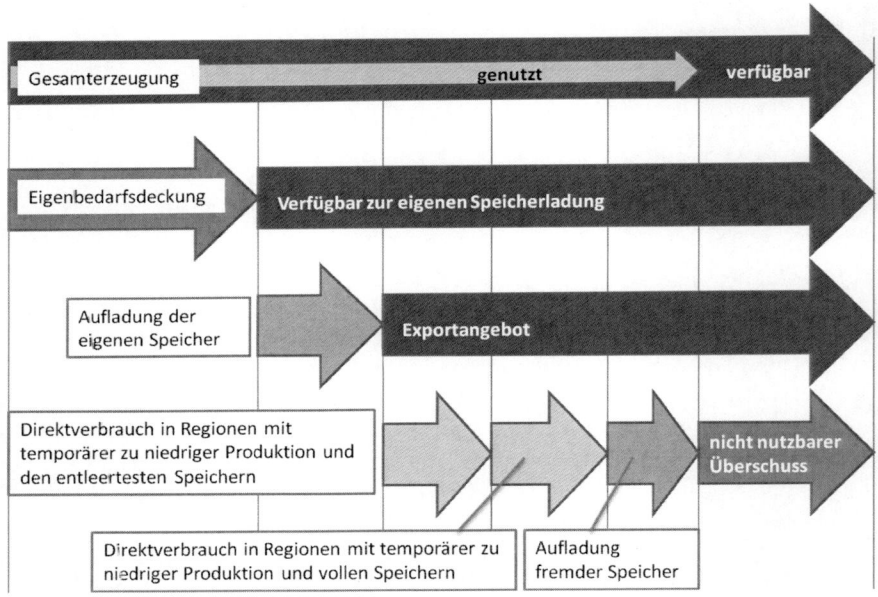

Abb. 2.28. Speicherprioritätsregelung beim Vorhandensein temporärer regionaler Überschüsse.

Tritt in einer Region für eine gewisse Zeit ein Überschuss an verfügbarer Leistung auf, dann würde dieser wie folgt verwendet:

1. Deckung der eigenen Nachfrage (Eigenbedarfsdeckung),

2. Aufladung der eigenen Speicher, soweit Bedarf vorhanden ist und bis zur Ausschöpfung der maximalen Ladeleistung.

3. Darüber hinausreichende Überschüsse werden als Exportangebot zur Verfügung gestellt.

4. Dabei wird zunächst der Strombedarf für den direkten Verbrauch der Regionen gedeckt, in denen die Speicher am weitesten entleert sind.

5. Stehen danach weitere Überschüsse zur Verfügung, dann wird der Strombedarf zum direkten Verbrauch von Regionen gedeckt, die über gefüllte Speicher verfügen.

6. Ist der Strombedarf zum direkten Verbrauch in allen Regionen gedeckt und sind weitere Überschüsse vorhanden, dann werden damit die Speicher in anderen Regionen aufgeladen.

7. Ist eine darüber hinausgehende Erzeugungsleistung verfügbar, dann kann diese nicht genutzt werden.

Der Begriff „Speicherpriorität" wird deshalb verwendet, weil Überschüsse in der eigenen Region zunächst dafür verwendet werden, den eigenen Speicher aufzufüllen. Ein gefüllter eigener Speicher vermittelt Sicherheit und kommt menschlichen und nationalen Verhaltensweisen, mit dem Bestreben die eigene Situation vorrangig in einen guten Zustand zu bringen, entgegen.

Mehr Disziplin würde die Einhaltung der weiteren Regeln erfordern. Mit der bevorzugten Bedienung des Direktstrombedarfs der Länder mit den am tiefsten entladenen Speichern wird der Zweck verfolgt, dass diese Speicher möglichst geschont werden. Das kann nur funktionieren, wenn andere Länder diese Überschüsse nicht zur Erfüllung von Aufgaben mit niedriger Priorität abziehen. Länder mit Direktstrombedarf und vollen Speichern dürften erst dann auf das Exportangebot aus den Überschüssen anderer Länder zugreifen, wenn die Nachfrage der Länder mit entleerten Speichern befriedigt werden konnte.

Nur wenn der Direktstrombedarf aller Länder gedeckt werden konnte, dürften darüber hinausgehende Überschüsse zur Aufladung von Speichern in Importländern verwendet werden, wobei die am tiefsten entleerten den Vorrang bekämen.

Mit diesen Regelungen soll sichergestellt werden, dass diejenigen Länder, die sich in der temporär ungünstigsten Lage befinden, als erste vom kontinentalen Ausgleich profitieren. Gleichzeitig soll die Regelung dazu verhelfen, dass alle daran teilnehmenden Länder dadurch profitieren, dass sie weniger Speicher vorhalten müssten, als wenn sie den Ausgleich auf sich allein gestellt organisieren müssten.

2.8.2 Exportpriorität

Eine alternative Regelung, die den Teilnehmern noch mehr Disziplin beim Umgang mit Produktionsüberschüssen auferlegen würde, zeigt Abbildung 2.29.

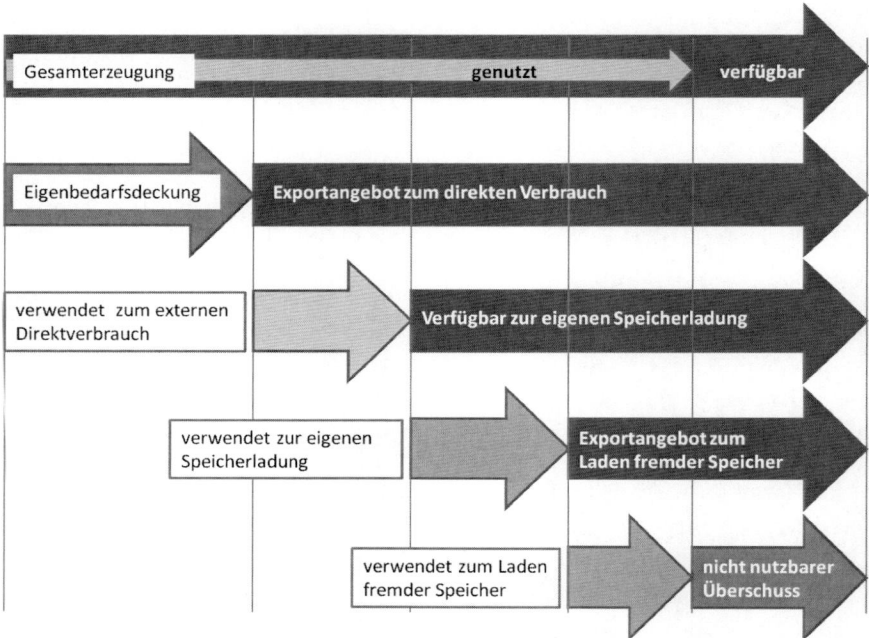

Abb. 2.29. Exportprioritätsregelung beim Vorhandensein temporärer regionaler Überschüsse.

Bei dieser Prioritätsregelung würden Überschusse, die in einer Region temporär aufträten, wie folgt verwendet:

1. Eigenbedarfsdeckung,

2. Exportangebot zum direkten Verbrauch in Ländern mit zu niedriger Eigenproduktion.

3. Falls das Exportangebot zum direkten Verbrauch nicht aufgezehrt worden wäre: Aufladung der eigenen Speicher, soweit Bedarf vorhanden ist und bis zur Ausschöpfung der maximalen Ladeleistung.

4. Wären dann noch Überschüsse vorhanden, würden damit die Speicher in anderen Regionen aufgeladen.

5. Darüber hinausgehende Erzeugungsleistung könnte nicht genutzt werden.

Der Begriff „Exportpriorität" wird deshalb verwendet, weil Überschüsse in der eigenen Region zunächst dafür verwendet werden, den unmittelbaren Strombedarf in anderen Regionen zu decken. Erst danach würde der Strom verwendet um die eigenen Speicher zu füllen. Wie schon bei der Speicherprioritätsregel könnte das vernetzte System nur funktionieren, wenn sich alle beteiligten Partner auch entsprechend verhielten. Dass es schwierig sein könnte, trotz leerer eigener Speicher von den Ländern zu verlangen, Überschüsse in den Export zu geben, wäre bei dieser Regelung zu bedenken. Eine Möglichkeit zur Umsetzung könnte darin bestehen, dass der Betrieb aller Speicher von einer zentralen Stelle des Verbundsystems gesteuert wird.

2.8.3 Speicherpriorität und Exportpriorität im Vergleich

Je schlechter der Wirkungsgrad eines Speichers ist, desto mehr Energie geht durch einen Speichervorgang verloren. Wie die Speicherung, so ist auch die Fernübertragung von elektrischer Energie mit Wirkungsgradverlusten verbunden. Liegen die prozentualen Verluste einer Speicherung in vergleichbarer Größenordnung wie die des Exports, dann spielt es unter diesem Aspekt keine entscheidende Rolle, ob der Ausgleich zwischen Produktion und Nachfrage über Export und Import oder über Speicherung erfolgt.

Anders sähe es bei Speichern mit schlechtem Wirkungsgrad aus. Energie, die zum Ausgleich volatiler Erzeugung dem Speicher entnommen wird, hätte vorher entsprechend dem Speicherwirkungsgrad mehrfach zur Aufladung eingesetzt werden müssen. Bei einem Speicher mit 40% Wirkungsgrad müsste beispielsweise 2,5 Mal so viel Energie zum Aufladen eingesetzt werden, wie anschließend zurückgewonnen werden kann. Unter derartigen Bedingungen wäre es besonders vorteilhaft, Energie soweit als möglich zuerst einer direkten Verwendung zuzuführen und Überschüsse erst dann zu speichern, wenn keine andere Verwendung möglich ist. Alle Teilnehmer würden an einem so geregelten Verbund profitieren, indem sie weniger Erzeugungsleistung vorhalten müssten, um die Speicherverluste auszugleichen, als wenn sie erst an das Aufladen der eigenen Speicher dächten.

2.8.4 Fernübertragung elektrischer Leistung

Die im Jahr 2010 bestehenden Elektrizitätsnetze Europas sind in erster Linie auf die nationale Versorgung der einzelnen Länder ausgerichtet. Der bestehende ETSO Verbund ist ein großräumiger Zusammenschluss dieser nationalen Netze, der europaweit einen synchronen Betrieb mit der Netzfrequenz von 50 Hertz sicherstellt. Dieser große Verbund ermöglicht es, ungeplante Ausfälle von einzelnen Großkraftwerken zu überbrücken, weil kurzfristig aus allen Regionen des Kontinents Leistungen zusätzlich aufgebracht werden können, die in der Regel ausreichen, um derartige Situationen zu beherrschen. Auch ein Ausgleich volatiler Erzeugungsüberschüsse und Defizite, in der Größenordnung einiger Prozente des nationalen Bedarfs, der verbundenen Länder findet darüber statt.

Den Ausgleich volatiler Leistungen im großen Stil, würde das existierende Verbundnetz nicht einmal ansatzweise leisten können. Übertragungsleistungen in der Höhe des maximal zu erwartenden nationalen Stromverbrauchs wären notwendig, um temporäre Flauten in einzelnen Ländern zu überbrücken, die eine volatile nationale Stromproduktion vollständige zum Erliegen bringen können. Übertragungsleistungen in mehrfacher Höhe des durchschnittlichen nationalen Stromverbrauchs würden gebraucht, um die vollständige Leistung bei Starkwindwetterlagen für den Export verfügbar zu machen. Wie die Unterkapitel zur Windenergie, zur Solarenergie und zur Kombination dieser volatilen Energiearten gezeigt haben, können bei einer Auslegung der Erzeugung auf den durchschnittlichen Eigenbedarf der Länder, Leistungsspitzen in mehrfacher Höhe des nationalen Verbrauchs auftreten.

Wenn über eine vollständige erneuerbare Energieversorgung und Ausgleichsmechanismen im kontinentalen Verbund nachgedacht wird, dann ist aus der Sicht des Jahres 2010 davon auszugehen, dass dafür ein sehr leistungsstarkes Stromnetz errichtet werden müsste, das es bei hohen Wirkungsgraden ermöglicht, größte Leistungen über Distanzen von tausenden von Kilometern zu transportieren. In der Diskussion dazu befinden sich zwei Alternativen:

1. Hochspannungs-Gleichstrom-Übertragung (HGÜ) und

2. Hochspannungs-Drehstrom-Übertragung (HDÜ).

2.8 Stromexport, -Import und Prioritätsregeln

Das Spannungsniveau beider Systeme läge oberhalb der bestehenden 380 Kilovolt Höchstspannungs-Drehstromnetze, die im Jahr 2010 für den Transport großer Leistungen die tragende Rolle spielen.

Bei der Transformation in einen zur Fernübertragung geeigneten Zustand der elektrischen Leistung treten Hin- und Rück-Umwandlungsverluste, beim Transport über die Entfernung, Transportverluste auf. HGÜ verursacht dabei höhere Umwandlungsverluste und niedrigere Transportverluste, bei der Verwendung von HDÜ wären die Verhältnisse umgekehrt. Auf diese elektrotechnisch-physikalischen Zusammenhänge soll im Rahmen dieser Arbeit nicht weiter eingegangen werden. Intensiv wurden diese Fragen in der Dissertation von Dr. Gregor Czisch untersucht, die über das Internet heruntergeladen werden kann [CZIS1]. Die technisch erreichbaren Wirkungsgrade derartiger Übertragungssysteme setzen sich aus den Umwandlungswirkungsgraden und den Transportwirkungsgraden zusammen. Multipliziert ergeben sie einen (Fern-)Übertragungswirkungsgrad. Dieser nimmt mit zunehmender Entfernung und zunehmender Leistungsbeaufschlagung einer konkreten Übertragungsstrecke ab. In [CZIS1] sind Angaben zu verschiedenen Fernübertragungs-Leitungssystemen zusammengetragen. Je nach Variante werden für Hochspannungs-Gleichstrom Systeme (HGÜ) Verluste zwischen drei und fünf Prozent pro 1000 Kilometer Übertragungsstrecke angegeben. Dazu kommen Konvertierungsverluste, für die in der genannten Quelle 1,3% erwähnt werden. Für Hochspannungs-Drehstrom-Strecken (HDÜ) enthält diese Quelle nur wenige Angaben, bei denen die Übertragungsverluste zwischen 6,1% und 14,8% pro 1000 Kilometern Leitungslänge liegen.

Für die hier vorgenommenen Untersuchungen wird ein einheitlicher und optimistisch angesetzter (Fern-)Übertragungswirkungsgrad von 95% angenommen. Die damit in den nachfolgenden Kapiteln ermittelten Ausgleichseffekte, die eine leistungsstarke kontinentale Vernetzung bewirken könnte, sind folglich als obere Grenzwerte anzusehen, welche durch die vorher aufgeführten Einflüsse abgeschwächt würden.

Im Gegensatz dazu werden die aus den Übertragungswirkungsgraden resultierenden Verluste zwischen den Einspeisestellen der Energie an den diversen Kraftwerken und den Verbrauchsorten in den nationalen Stromnetzen dem Stromverbrauch zugeschlagen. Diese (Nah-)Übertragungsverluste sind damit nicht Bestandteil der vorliegenden Untersuchung.

2.9 Zusammenfassung zu den Bausteinen

Mit den aufgezeigten Grundlagen sind die Voraussetzungen geschaffen, auf deren Basis in den nachfolgenden Kapiteln der Ausgleichs- und Speicherbedarf einer erneuerbaren Elektrizitätsversorgung ermittelt werden kann, bei der die Erzeugung in hohem Maße oder vollständig mit Wind- und Solarenergieanlagen erfolgen würde.

Zur Nachfrage nach Strom stehen für die berücksichtigten europäischen Länder ebenso wie zur verfügbaren Windenergie und zur verfügbaren Solarenergie Zeitreihen im Dreistundentakt zur Verfügung.

Die Einspeise-Charakteristik der Windenergieanlagen kann durch Variation des Benutzungsgrades sowohl in einer Form berücksichtigt werden, die dem vorhandenen Anlagenbestand Deutschlands im Jahr 2010 entspricht als auch in einer Auslegung, die niedrigere Leistungsspitzen bei der Erzeugung zur Folge hätte.

Bei der Solarenergie wird durch die Annahme einer globalstrahlungsproportionalen Leistungsverfügbarkeit eine Mittelung zwischen dem Einspeise-Verhalten starr montierter Kollektorflächen und dem Sonnenstand nachgeführter Systeme vorgenommen. Starr angebrachte Kollektoren führen zu einer überproportionalen Leistungsverfügbarkeit in den Zeitabschnitten, wo der Einfallswinkel den Sonnenlichts am günstigsten ist, nachgeführte Systeme weichen von der Proportionalität zur horizontal eintreffenden Globalstrahlung bei niedrigen Sonnenständen nach oben, bei hohen Sonnenständen nach unten ab, weil sie es erlauben, den direkten Strahlungsanteil der Sonne den ganzen Tag über in voller Höhe unter einem optimalen Einfallswinkel abzugreifen. Eine ggf. zu beobachtende Temperaturabhängigkeit des Wirkungsgrads von Fotovoltaikanlagen wird in der vorliegenden Untersuchung nicht berücksichtigt.

Solarthermische Kraftwerke, die tagsüber aufgenommene Strahlungsenergie zu einem Teil in Wärmespeicher verfrachten und über Nacht daraus eine Stromversorgung mittels thermodynamischer Prozesse ermöglichen, können im Sinne dieser Untersuchung in eine volatile Solarenergieanlage und einen Speicher aufgeteilt werden.

Biomasse wurde als der regenerative Energierohstoff ausgemacht, der es erlaubt, Strom nach Bedarf genau dann zu produzieren, wenn andere volatile Erzeugungstechniken die Nachfrage nicht erfüllen können und keine Möglichkeit vorhanden ist, Produktionsüberschüsse zu speichern und bei Bedarf wieder abzurufen.

Wasserenergie, die aus Fließgewässern gewonnen wird, kann als Grundlastversorgung angesehen werden, die den Anteil der Versorgung, der mit anderen erneuerbaren Techniken produziert werden müsste, etwas reduziert. Wasserenergie, die gespeichert werden kann und auf Abruf zur Stromerzeugung zur Verfügung steht, kann den Stromspeichern zugerechnet werden. Damit reduziert sich der Speicherbedarf, der noch aufgebaut werden müsste, um einen Ausgleich zwischen volatiler Erzeugung und Nachfrage auf Speicherbasis zu ermöglichen.

Von den weiteren erneuerbaren Energien würden sich Wellenkraftwerke im Wesentlichen proportional zur Windenergie, Aufwindkraftwerke proportional zur Solarenergie verhalten. Bezüglich Ausgleichs- und Speicherbedarf würden sie zu keinen grundsätzlich anderen Ergebnissen führen. Bei Gezeitenkraftwerken und bei der Geothermie ergab die Betrachtung der Möglichkeiten zur technischen Nutzung in bedeutendem Umfang, dass dies aus der Sicht des Jahres 2010 unwahrscheinlich erscheint. Für Fallwindkraftwerke liegen in Europa keine klimatischen Bedingungen vor, die es angezeigt erscheinen ließen, dieses Kraftwerkskonzept für europäische Standorte weiter zu verfolgen.

Für die Pumpspeichertechnik wurden ein vergleichsweise hoher Wirkungsgrad und weitere günstige Merkmale identifiziert. Diese lassen sie als eine Möglichkeit zur Bereitstellung hoher und leistungsstarker Speicherkapazität als prädestiniert erscheinen. Der vorgeschlagene Ringwallspeicher würde den Einsatz dieser Technik auch in Landschaften ermöglichen, wo die natürlichen Höhenunterschiede nicht ausreichen, um Pumpspeicher zu errichten. Weitere Speichertechnologien wie Druckluftkavernenspeicher und die Wasserstofftechnologie stehen zur Verfügung und würden es ermöglichen große Kapazitäten aufzubauen, mit denen Energie auch zur Überbrückung längerer Zeiträume zwischengespeichert werden kann.

Batteriesysteme, wie sie beispielsweise bei einem Ausbau der Elektromobilität in großem Ausmaß verfügbar werden könnten, eignen sich aus der Sicht des Jahres 2010 ausgezeichnet zum Kurzzeitausgleich zwischen Erzeugung und Nachfrage. Da es keine Rolle spielt, zu welchen Stunden des Tages oder der Nacht beispielsweise eine Autobatterie geladen wird, ergäben sich damit große Handlungsspielräume des Lastmanagements im Stromnetz. Eine Entladung von Autobatterien zur Überbrückung länger andauernder Flauten in der Stromversorgung wird allerdings nicht als zu erwägende Option angesehen. Wegen hoher Kosten, begrenzter Zyklenfestigkeit und/oder Selbstentladung erscheinen Batteriesysteme aus Sicht des Jahres 2010 nicht als vorrangig geeignet zum Langzeitausgleich großer Energiebeträge.

Die kontinentale Vernetzung volatiler Erzeugungsregionen ist ein weiterer Baustein, der es ermöglicht, einen Ausgleich zwischen Überproduktion und Fehlbedarf in den einzelnen Regionen herzustellen. Statistisch gesehen ziehen in den meisten Zeiten Hoch- und Tiefdruckgebiete über den Kontinent hinweg. Dazwischen befinden sich windstarke Zonen. In den meist wolkenfreien Hochdruckgebieten sind tagsüber gute Solarenergieerträge zu erwarten. Damit die kontinentale Vernetzung eine möglichst positive Wirkung entfalten kann, sind Prioritätsregeln hilfreich, die klar festlegen, in welcher Reihenfolge Exportüberschüsse zu verwenden sind.

Kapitel 3 - Ausgleich ohne Stromspeicher

Dieses Kapitel untersucht Szenarien wie ein Ausgleich volatiler erneuerbarer Energien aussehen könnte, ohne dass dafür Stromspeicher einzusetzen wären. Als regenerative Alternative zum Ausgleich der Erzeugungsschwankungen wird der Flächenbedarf für Biomasse abgeschätzt.

3.1 Ausgleich von Windenergie innerhalb Deutschlands

Szenarien einer Energieversorgung mit sehr hohem Windenergieanteil sind durchaus vorstellbar und beim Blick auf die Karte mit den installierten Windleistungen in Deutschland (Abb. 2.9) erkennt man, dass sich einige Regionen auf dem besten Weg dorthin befinden.

Werden Windenergieanlagen ohne die Schaffung erheblicher Speicherkapazitäten aufgebaut und soll nichts von der damit gewinnbaren Energie ungenutzt bleiben, dann kann die installierte Leistung bei einem Benutzungsgrad von durchschnittlich 20%, wie es der Situation des Jahres 2010 in Deutschland entspricht, auf nicht viel mehr als ein Fünftel der Versorgungsaufgabe gesteigert werden, wenn alle, auch bei Starkwindsituationen auftretenden Erzeugungsspitzen dem inländischen Verbrauch zugeführt werden sollen. Weiter ist bei diesen Überlegungen zu beachten, dass der gesamte komplementäre Kraftwerkspark in kurzer Zeit bis zur Leistung Null herunter geregelt und ebenso schnell auf die volle Leistung hochgefahren werden können muss. Grundlastkraftwerke, die 2010 im deutschen Kraftwerkspark eine wichtige Rolle spielen, wären dafür kaum geeignet.

Der untere Kurvenzug des Diagrammes der Abbildung 3.1 a zeigt beispielhaft den tatsächlichen zeitlichen Verlauf der in Deutschland während des Jahres 2007 festgestellten Windstromeinspeisung in Bezug auf die installierte Nennleistung von Windenergieanlagen. Um damit ohne den Einsatz von Stromspeichern eine Versorgungsaufgabe erfüllen zu können, bei der eine stets gleichbleibende Leistung in ein Stromnetz eingespeist wird, wäre ein Kraftwerkspark erforderlich, der die Leistung entsprechend der oberen (roten) Kurve bereitstellt. Im zugrunde liegenden Untersuchungszeitraum von Januar 2005 bis November 2008 hätte damit ein

Energiebedarf für 1155 Tage (ca. 81%) erzeugt werden müssen. 274 Tage (ca. 19%) hätte der Wind beigetragen.

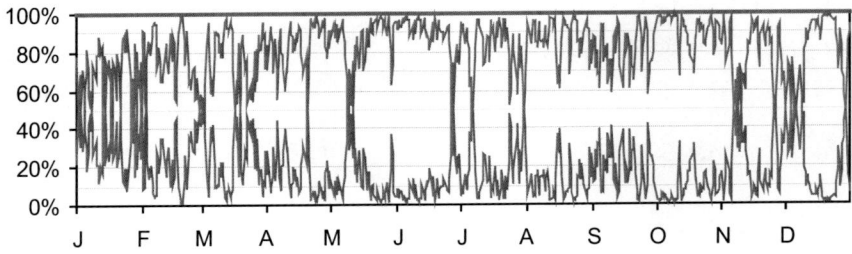

Abb. 3.1 a. Windstrom (blau) und Fremdstrom (rot) bei 1-fach installierter Windleistung.

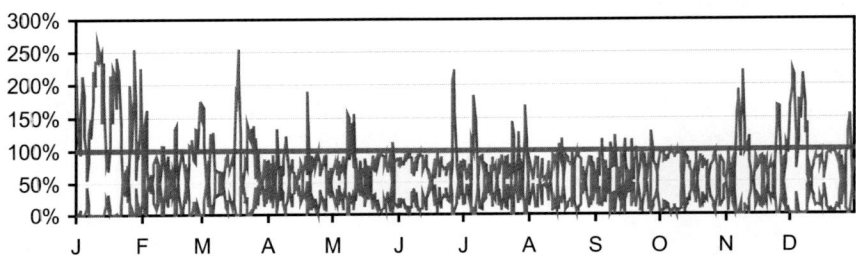

Abb. 3.1 b. Windstrom (blau) und Fremdstrom (rot) bei 3-fach installierter Windleistung.

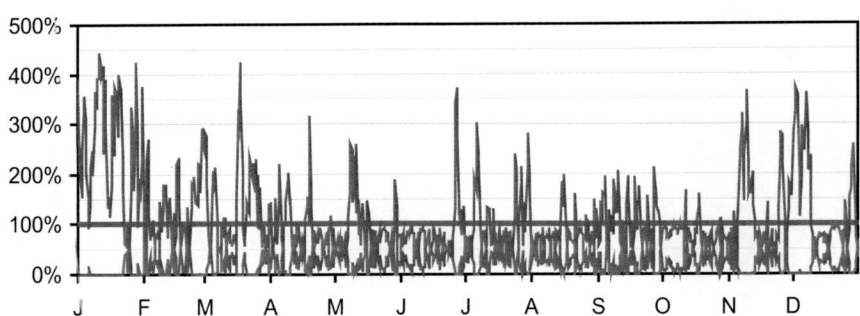

Abb. 3.1 c. Auf der Basis der tatsächlichen Windstromeinspeisung des Jahres 2007 in Deutschland: Windstrom (blau) bei 5-fach installierter Leistung in Bezug auf die Versorgungsleistung und Fremdstrom (rot) ohne Speicher zur Erfüllung der Versorgungsaufgabe (rosa, = 100%) einer gleichbleibenden Grundlast. (Quelle: eigene Berechnung auf Basis von Daten des ISET)

Die Diagramme der Abbildungen 3.1 b und c zeigen am Beispiel des Jahres 2007, wie die Situation, bei einer installierten Winderzeugungsleistung mit 20% Benutzungsgrad in 3-facher und in 5-facher Höhe der als konstant angenommenen Versorgungsaufgabe ausgesehen hätte. Tabelle 3.1 fasst zusammen, wie sich mit zunehmender Installation von Windenergieanlagen die Erzeugungsanteile verändert hätten.

Tabelle 3.1. Anteile von Windenergie und Fremdenergie zur Bereitstellung von Grundlast in Abhängigkeit der installierten Nennleistung von Windenergieanlagen, bezogen auf die geforderte konstante Leistung bei ca. 20% Benutzungsgrad auf der Basis der tatsächlichen Windstromeinspeisung ins deutsche Stromnetz von 2005 bis 2008.

	1-fach	3-fach	5-fach
Windenergieanteil	19%	47%	61%
Fremdenergieanteil	81%	53%	39%
nicht nutzbar	0%	11%	35%
zu installierende Kraftwerksleistung			
Windkraftwerke	1 x	3 x	5 x
Ausgleichskraftwerke	1 x	1 x	1 x

50% Bedarfsdeckung durch Windenergie ist eine Größenordnung, die im Jahr 2010 für die Stromversorgung Deutschlands bis zum Jahr 2050 diskutiert und angestrebt wird. In einigen Gebieten mit besonders hoher Windenergienutzung wird dieser Wert bereits heute erreicht. Die angestellten Betrachtungen zeigen, dass die Auslegung der Leistungskennlinien des existierenden Kraftwerksparks nicht dafür prädestiniert ist, einer derartigen Aufgabe auf nationaler Ebene gerecht zu werden. Bei einem Benutzungsgrad von 20% würden Leistungsreserven aufgebaut, die ohne Speicher für die Stromversorgung nicht einsetzbar wären.

3.2 Ausgleich durch kontinentale Stromnetze

Das Wetter und damit der Wind und die Globalstrahlung sind bei kontinentaler Betrachtung niemals in allen Regionen gleich. Entsprechend der Verteilung der Hoch- und Tiefdruckgebiete, die über Europa hinweg ziehen, gibt es immer Zonen mit stärkerem und Zonen mit weniger starkem Wind. Über ein leistungsfähiges Stromnetz kann die Überproduktion aus Gebieten mit starkem Wind- und/oder Solarstromaufkommen in Gebiete geliefert werden, in denen Flaute herrscht. Mit dem Windatlas und den Satellitendaten der Globalstrahlung für Europa und den Erkenntnissen über das zeitliche Verhalten, die aus der detaillierten Prüfung der Verhältnisse in Deutschland gewonnen wurden, ergibt sich eine Möglichkeit diese kontinentalen Ausgleichseffekte zu ermitteln. Zur Bestimmung der dabei auftretenden Verhältnisse werden folgende Annahmen getroffen:

- Die installierte Durchschnittsleistung der Wind- und/oder Solarenergieanlagen pro Land orientiert sich am Landesstromverbrauch bezogen auf den Gesamtverbrauch aller Länder des Verbunds[19].
- Als Versorgungsaufgabe wird ein am Stromverbrauch der Jahre 2006 bis 2008 orientierter zeitlicher Verlauf angenommen (siehe Unterkapitel 2.1), der fortan als Bedarfslast bezeichnet wird.
- Die Übertragungsleistung für Export und Import von Strom zwischen den Ländern ist in der erforderlichen Höhe für alle auftretenden Situationen vorhanden.
- Der Fernübertragungswirkungsgrad für elektrische Leistung beträgt 95%.
- Volatil verfügbare Leistung über den Eigenbedarf hinaus wird bei Nachfrage exportiert.
- Stehen keine oder nicht ausreichende Überschüsse aus anderen Regionen zur Verfügung, dann wird der Fehlbedarf durch bedarfsgerecht produzierten Strom, der hier als Fremdstrom bezeichnet wird, ausgeglichen.

Untersucht werden folgende Szenarien:

a) Windenergie mit 20% Benutzungsgrad ohne Erzeugungsreserve,
b) Windenergie mit 50% Benutzungsgrad ohne Erzeugungsreserve,
c) Windenergie mit 50% Benutzungsgrad und 30% Erzeugungsreserve,
d) globalstrahlungsproportionale Solarenergie ohne Erzeugungsreserve,
e) Windenergie mit 20% Benutzungsgrad optimal kombiniert mit globalstrahlungsproportionaler Solarenergie ohne Erzeugungsreserve,
f) Windenergie mit 50% Benutzungsgrad optimal kombiniert mit globalstrahlungsproportionaler Solarenergie ohne Erzeugungsreserve.

Das beschriebene Systemverhalten wurde in einem datenbankgestützten, numerischen Verfahren, Zeitschritt für Zeitschritt durchgerechnet und liefert für die genannten Szenarien die in Abbildung 3.2 a bis f wiedergegebenen Ergebnisse.

---

[19] Siehe dazu Tabelle 2.1.

3.2 Ausgleich durch kontinentale Stromnetze 71

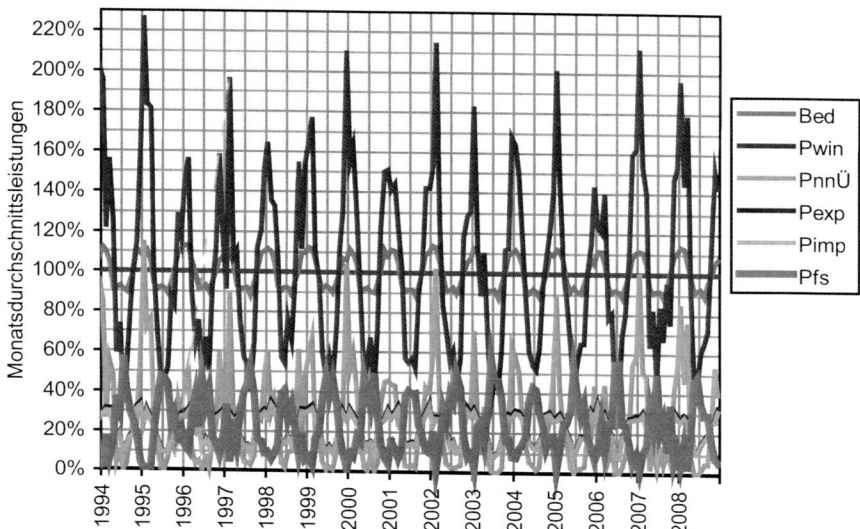

Abb. 3.2 a. Monatsdurchschnittsleistungen bei 20% Benutzungsgrad der Windenergieanlagen.

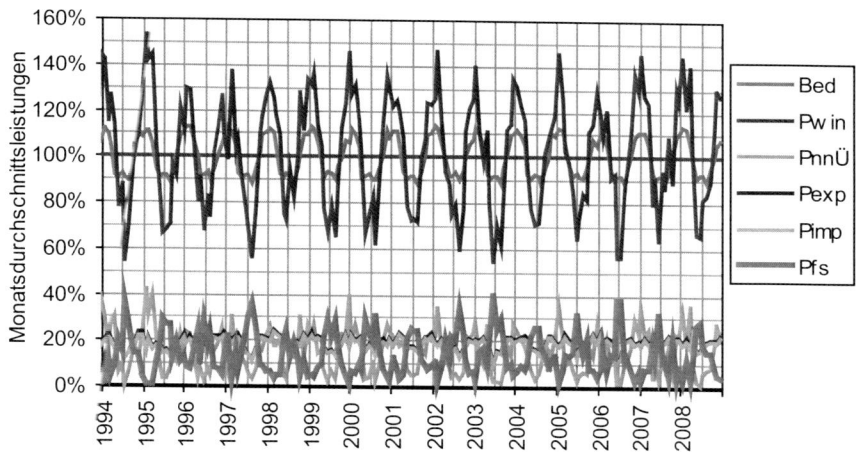

Abb. 3.2 b. Monatsdurchschnittsleistungen bei 50% Benutzungsgrad der Windenergieanlagen.

72 Kapitel 3 - Ausgleich ohne Stromspeicher

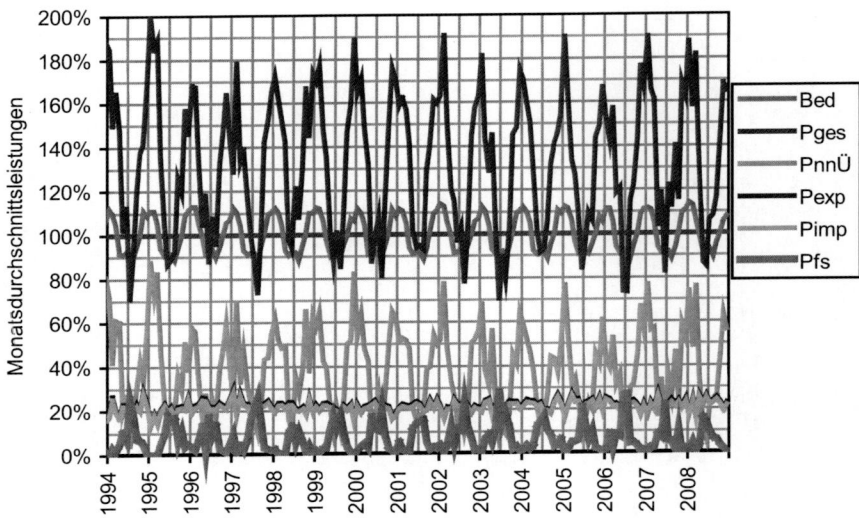

Abb. 3.2 c. Monatsdurchschnittsleistungen bei 50% Benutzungsgrad der Windenergieanlagen und 30% Erzeugungsreserve.

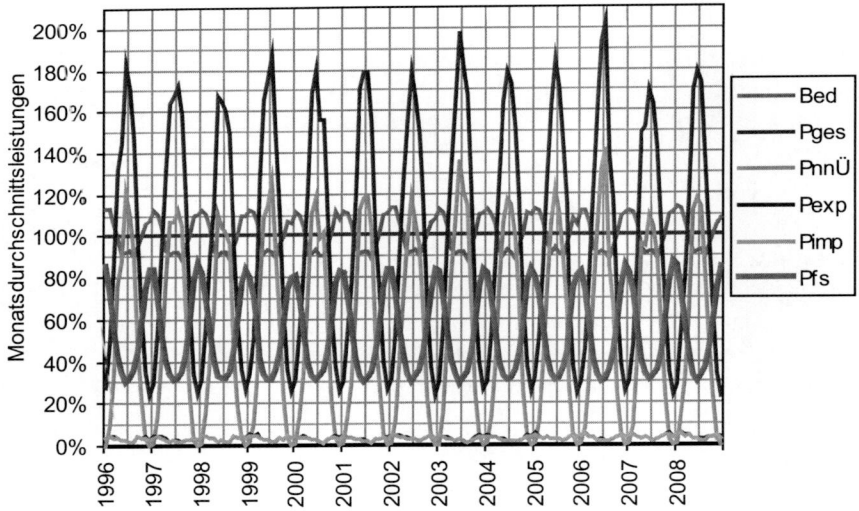

Abb. 3.2 d. Monatsdurchschnittsleistungen bei globalstrahlungsproportionalen Solarenergieanlagen.

3.2 Ausgleich durch kontinentale Stromnetze 73

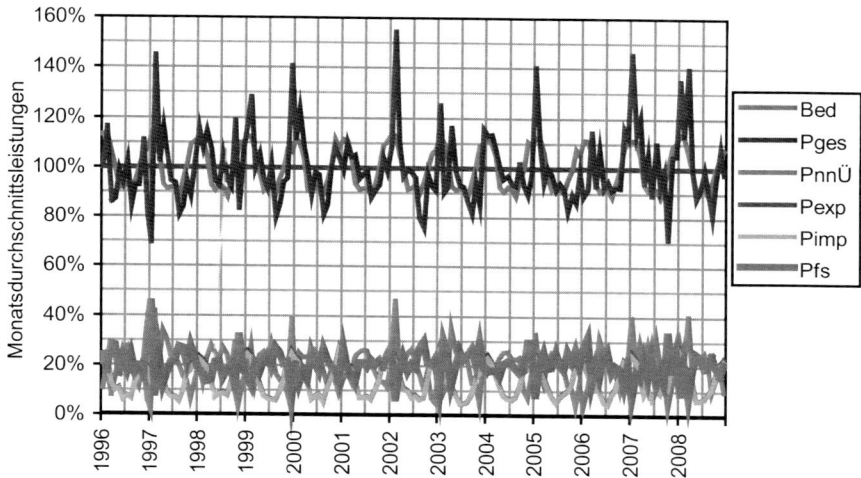

Abb. 3.2 e. Monatsdurchschnittsleistungen bei Windenergieanlagen mit 20% Benutzungsgrad optimal kombiniert mit globalstrahlungsproportionalen Solarenergieanlagen.

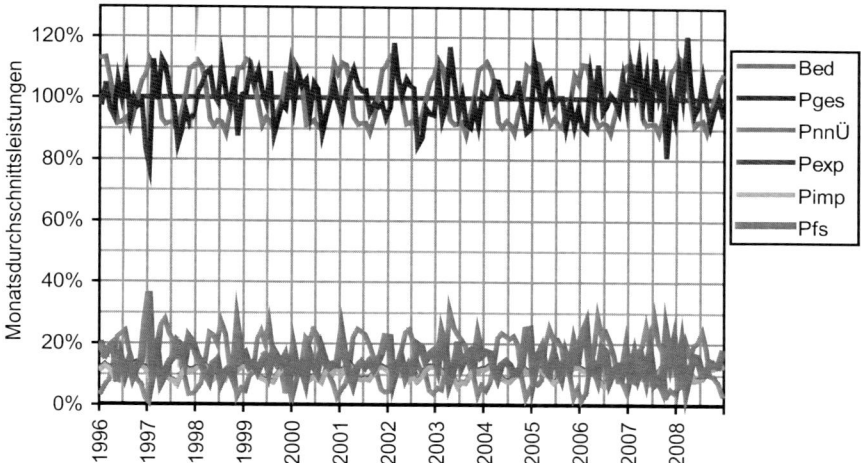

Abb. 3.2 f. Monatsdurchschnittsleistungen, gemittelt über alle Gebiete des ETSO Verbundes von 1996 bis 2008 bei Windenergieanlagen mit 50% Benutzungsgrad optimal kombiniert mit globalstrahlungsproportionalen Solarenergieanlagen. Dargestellt sind der als verbrauchsabhängige Last angenommene Bedarf Bed, die verfügbare Erzeugungsleistung Pges aus der Summe von Wind- und Solarenergie, der exportierte Strom Pexp, die Importe Pimp, das nicht nutzbare, über den Bedarf hinaus verfügbare Strompotential PnnÜ und die durch Fremdstrom zu erbringende Ausgleichsleistung Pfs. 100% ist die Durchschnittslast im Untersuchungszeitraum.

Dargestellt sind für den Gesamt ETSO-Verbund die verbrauchsanteilgewichteten Monatsmittelwerte der Leistung. Der monatsgemittelte europäische Gesamtverbrauch (Bed) pendelt mit ca. ± 10% um den Mittelwert von 100% mit erhöhter Nachfrage im Winter und Nachfragerückgang im Sommer. Die dargebotene volatile Erzeugungsleistung (Pges) hätte bei diesem Ausgleich auf europäischer Ebene bei den Monatsdurchschnittsmittelwerten, je nach Szenario zwischen unter 25% und 230% der geforderten Durchschnittsleistung geschwankt. Die Abbildungen 3.2 a bis c zeigen, wie das globale Wettergeschehen auf dem gesamten Kontinent im Winter regelmäßig für ein Überangebot von Windleistung sorgt. Im Sommer schwächt der Wind mit der gleichen Regelmäßigkeit ab. Tabelle 3.2 gibt einen Überblick zu den Extremwerten, die bei den Leistungen verbrauchsanteilgewichtet im gesamten ETSO-Verbund aufgetreten wären.

Die Kurven der nicht nutzbaren Überproduktion (PnnÜ) zeigen, dass auch bei einem kontinentalen Ausgleich der verfügbaren volatilen Erzeugungsleistung Monate vorkommen, in denen, bezogen auf die benötigte Durchschnittsleistung, erhebliche Anteile nicht genutzt werden könnten. Die exportierte Leistung (Pexp) und die zeitgleich in andere Regionen importierte Leistung (Pimp) pendelt in Bezug auf die insgesamt nachgefragte Durchschnittsleistung im Monatsdurchschnitt zwischen 0% und 5% beim Szenario (d) mit reiner Solarenergie bis in den Bereich zwischen 5% und 40% bei reiner Windenergie mit 20% Benutzungsgrad (a). Da Export und Import nur dann stattfinden, wenn es Regionen gibt, in denen ein Überangebot von volatiler Leistung vorliegt und gleichzeitig Regionen vorhanden sind, in denen zu wenig volatile Leistung ansteht, erklärt sich der Verlauf dieser Kurven mit den Exportmaxima in den windstarken Jahreszeiten. Fremdstromproduktion (Pfs) setzt immer dann ein, wenn die volatile Erzeugung im eigenen Gebiet nicht ausreicht und die Exportüberschüsse aus anderen Regionen aufgebracht sind. Wie zu erwarten zeigen die Diagramm die Maxima der Fremdstromproduktion mit Monatsmittelwerten bis über 50% der Durchschnittsleistung bei Windstrom im Sommer und bei Solarstrom im Winter. Beim Solarstrom-Szenario treten Über- und Fehlproduktion aufgrund des Tagesablaufs überall nahezu gleichzeitig auf, so dass über die kontinentale Vernetzung insgesamt wenig Energie ausgetauscht wird.

Die Darstellung der Monatsmittelwerte reicht jedoch nicht aus, um Aussagen zu den Erfordernissen des angenommenen kontinentalen Lastausgleichs zu bekommen. Strom sollte ja auch bei ungünstigsten Einspeisungsbedingungen von Wind- und Solarstrom bedarfsgerecht zur Verfügung stehen. Dafür sind nicht die in den Abbildungen 3.2 a bis f gezeigten Monatsmittelwerte, sondern die Maxima der Leistungen in jedem einzelnen Land von Bedeutung.

3.2 Ausgleich durch kontinentale Stromnetze

Tabelle 3.2. Extremwerte der Leistung zu den untersuchten Szenarien ohne Speichereinsatz.

Szenario		a	b	c	d	e	f
Benutzungsgrad		20%	50%	50%	-	20%	50%
Windenergieanteil		100%	100%	100%	0%	65%	71%
Solarenergieanteil		0%	0%	0%	100%	35%	29%
Erzeugungsreserve		0%	0%	30%	0%	0%	0%
Monats-Mittelwerte	Extremwerte aus den Diagrammen von Abb. 3.2 a bis f						
	volatile Erzeugung						
	Minimal	30%	50%	65%	25%	70%	80%
	Maximal	230%	150%	200%	200%	150%	120%
	nicht nutzbares Leistungsdargebot						
	Maximal	110%	40%	90%	140%	45%	30%
	Export						
	Minimal	5%	10%	15%	0%	5%	5%
	Maximal	40%	25%	30%	5%	25%	15%
	Ausgleichsbedarf durch Fremdstrom						
	Minimal	0%	0%	0%	30%	5%	5%
	Maximal	60%	45%	35%	85%	40%	30%
Drei-Stunden-Mittelwerte	verbrauchsanteilgewichtete länderspezifische Extremwerte						
	volatile Erzeugung						
	Maximal	510%	209%	271%	676%	437%	304%
	nicht nutzbares Leistungsdargebot						
	Maximal	410%	130%	191%	583%	333%	213%
	Export						
	Maximal	345%	130%	179%	177%	226%	115%
	Ausgleichsbedarf durch Fremdstrom						
	Maximal	138%	129%	119%	147%	138%	135%
	Ausgleichsbedarf durch Fremdstrom ohne kontinentalen Ausgleich						
	Maximal	146%	143%	142%	148%	143%	139%
Drei-Stunden-Mittelwerte	zu einem Zeitpunkt gesamteuropäisch auftretende Extremwerte						
	volatile Erzeugung						
	Maximal	422%	200%	260%	596%	312%	236%
	nicht nutzbares Leistungsdargebot						
	Maximal	313%	114%	171%	512%	208%	152%
	Export						
	Maximal	80%	45%	56%	41%	61%	32%
	Ausgleichsbedarf durch Fremdstrom						
	Maximal	116%	105%	97%	139%	123%	114%

Die Übertragungsleistung des Verbundnetzes und die zu installierende Leistung der bedarfsgerecht abrufbaren Ausgleichskraftwerke wären danach auszurichten. Diese Auswertung zeigt Tabelle 3.2 in verdichteter Form für die Gesamtsituation in Europa.

Tabelle 3.3. Gesamteuropäische Mittelwerte und Infrastrukturbedarf für Szenarien einer Erneuerbaren Stromversorgung ohne den Einsatz von Stromspeichern.

Szenario		a	b	c	d	e	f
Benutzungsgrad		20%	50%	50%	-	20%	50%
Windenergieanteil		100%	100%	100%	0%	65%	71%
Solarenergieanteil		0%	0%	0%	100%	35%	29%
Erzeugungsreserve		0%	0%	30%	0%	0%	0%
Drei-Stunden-Mittelwerte	verbrauchsanteilsgewichtete gesamteuropäische Mittelwerte						
	volatile Erzeugung						
	Mittelwert	100%	100%	130%	100%	100%	100%
	nicht nutzbares Leistungsdargebot						
	Mittelwert	24%	14%	36%	54%	20%	14%
	Export						
	Mittelwert	22%	20%	23%	3%	14%	11%
	Ausgleichsbedarf durch Fremdstrom						
	Mittelwert	25%	15%	8%	54%	20%	15%
	Ausgleichsbedarf durch Fremdstrom ohne kontinentalen Ausgleich						
	Mittelwert	46%	36%	29%	57%	34%	25%
Infrastrukturbedarf							
volatile Erzeugung							
	Windenergie	5,1	2,1	2,7	0	3,3	1,5
	Solarenergie	0	0	0	6,8	2,4	2
	installierte Leistung	5,1	2,1	2,7	6,8	5,7	3,5
	Produktionsanteil	75%	85%	92%	46%	80%	85%
jederzeit nach Bedarf einsatzbereite Ausgleichskraftwerke							
	installierte Leistung	1,4	1,3	1,2	1,5	1,4	1,4
	Produktionsanteil	25%	15%	8%	54%	20%	15%
Fernübertragungsverbindungen							
	installierte Leistung	3,4	1,3	1,8	1,4	2,7	1,2
	Ausgleichsanteil	21%	19%	22%	3%	13%	10%

Die benötigte Leistungs-Infrastruktur lässt sich aus den verbrauchsanteilsgewichteten länderspezifischen Extremwerten ablesen. In Tabelle 3.3 ist angegeben, welche Leistungen zur Darstellung der untersuchten Szenarien vorzuhalten wären.

Tabelle 3.3 kann eine Bandbreite von Möglichkeiten entnommen werden, um eine sichere, jederzeit bedarfsgerecht lieferfähige Stromversorgung ohne den Aufbau großer Speicherkapazitäten darzustellen. Starke Hebel zur Reduzierung des Fremdstrombedarfs bestehen in der Verwendung von Windenergieanlagen mit hohem Benutzungsgrad und im Aufbau einer Erzeugungsreserve.

Klassiert man die gesamteuropäisch verfügbare Windleistung zu Windenergieanlagen mit 20% Benutzungsgrad in Schritten von 10% der Durchschnittsleistung, dann ergibt sich bei Auswertung des Zeitraums von 1970 bis 2008 in dreistündigen Zeitschritten die Häufigkeitsverteilung in Abbildung 3.3.

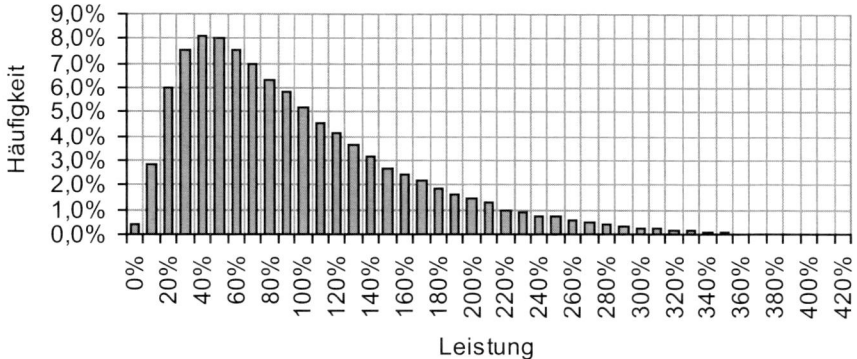

Abb. 3.3. Häufigkeitsverteilung der nach Erzeugungsgebieten anteilsgewichteten Summe der Windleistungen aller Gebiete des ETSO Verbundes von 1970 bis 2008 von Windenergieanlagen mit 20% Benutzungsgrad. Dargestellt ist auf der Abszisse die europaweit im Drei-Stunden-Takt aufgetretene Windleistung in Bezug zur Durchschnittsleistung. Eine Klasse umfasst jeweils einen Leistungsbereich von 10%. Aufgetragen ist der untere Wert der Klasse. Die erste Klasse betrifft Zeitabschnitte, in denen die Windleistung zwischen 0 und 10% der Durchschnittsleistung lag. Auf der Ordinate kann dazu die Häufigkeit abgelesen werden.

Es zeigt sich, dass trotz gesamteuropäischer Vernetzung der Windenergiegewinnungsgebiete in den 39 Jahren fast 500 dreistündige Zeitabschnitte festgestellt werden konnten, in denen die Windleistung in Summe unter 10% der Durchschnittsleistung lag. Andererseits kann der Verteilung entnommen werden, dass die Zeitanteile, in denen sehr hohe Windleistungen angetroffen werden können, gering sind. In ca. 9% der Zeit lag die Leistung bei über 200% des Durchschnittswerts, in gut 1% der Zeit lag die Leistung bei über 300% des Durchschnitts und neun dreistündige Zeitschritte konnten festgestellt werden, in der europaweit Windleistung oberhalb von 400% der Durchschnittsleistung angestanden wäre.

Windenergieanlagen mit einem Benutzungsgrad von ca. 20%, wie sie dem Bestand der Bundesrepublik Deutschland des Jahres 2010 entsprechen, sind nur bedingt geeignet, um in einem Umfeld mit hohem Versorgungsanteil aus Windenergie eingesetzt zu werden. Die Leistung, die sie bei Starkwind aus der kinetischen Energie der Luftmassen abgreifen könnten, tritt selten auf und wird zudem selten gebraucht, weil bei derartigen Wetterlagen mit einem großräumigen Überangebot von Windenergie zu rechnen ist.

Die Klassierung der gesamteuropäisch verfügbaren Windleistung zu Windenergieanlagen mit 50% Benutzungsgrad ist in Abbildung 3.4 wiedergegeben.

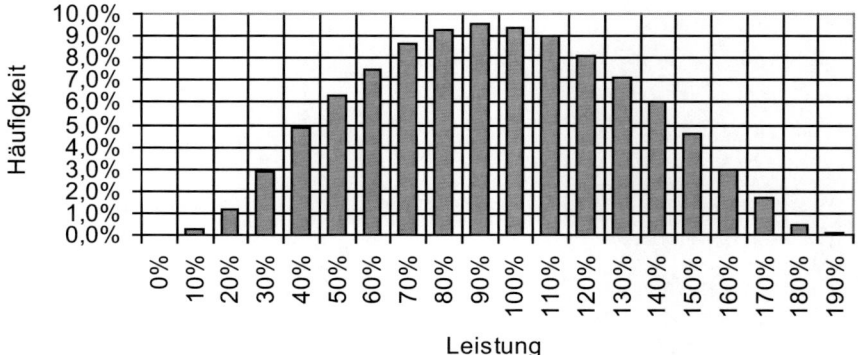

Abb. 3.4. Häufigkeitsverteilung der nach Erzeugungsgebieten anteilsgewichteten Summe der Windleistungen aller Gebiete des ETSO Verbundes von 1970 bis 2008 von Windenergieanlagen mit 50% Benutzungsgrad. Dargestellt ist auf der Abszisse die europaweit im Drei-Stunden-Takt aufgetretene Windleistung in Bezug zur Durchschnittsleistung. Eine Klasse umfasst jeweils einen Leistungsbereich von 10%. Aufgetragen ist der untere Wert der Klasse. Die erste Klasse betrifft Zeitabschnitte, in denen die Windleistung zwischen 0 und 10% der Durchschnittsleistung lag. Auf der Ordinate kann dazu die Häufigkeit abgelesen werden.

Im Vergleich zur Häufigkeitsverteilung für Windenergieanlagen mit 20% Benutzungsgrad (siehe Abb. 3.3) ist die Leistungsverteilung bei Windenergieanlagen mit 50% Benutzungsgrad (Abb. 3.4) viel mehr in dem Leistungsbereich angesiedelt, in dem auch die Nachfrage stattfindet. Trotz gesamteuropäischer Vernetzung der Windenergieanlagen hätte es auch bei 50% Benutzungsgrad in den 39 Jahren von 1970 bis 2008 noch 4 dreistündige Zeitabschnitte gegeben, in denen die Windleistung in Summe etwas unter 10% der Durchschnittsleistung lag. 200% der Durchschnittsleistung wäre auf den gesamten ETSO-Verbund bezogen in keinem Drei-Stunden Zeitschritt überschritten worden.

Windenergieanlagen mit einem Benutzungsgrad von ca. 50%, hätten gegenüber denjenigen im Bestand der Bundesrepublik Deutschland des Jahres 2010 befindlichen den erheblichen Vorteil, dass die von ihnen abgegebene Leistung viel mehr dem nachgefragten Bedarf entspricht, als dies bei Windenergieanlagen mit 20% Benutzungsgrad der Fall ist.

Im Falle einer auf Windenergie basierenden erneuerbaren Energieversorgung, die auf Stromspeicher verzichtet, könnte dieser Bedarf mit Spitzenlastkraftwerken gedeckt werden, die mit Biomasse betrieben werden. Geht man von den Überlegungen im Unterkapitel 2.4 zum Flächenbedarf zur Produktion von Biomasse für die Stromerzeugung mit einer Energieausbeute bei intensiver Bewirtschaftung von ca. 3 kWh/m² aus, dann ergäbe sich mit dem gesamteuropäischen Stromverbrauch (siehe Tabelle 2.1) von ca. 3440 TWh eine dazu notwendige Anbaufläche von ca. 15% · 3.440 TWh / 3 kWh/m² = 172.000 km². Das entspräche nach Unterkapitel 2.4 fast der Hälfte der Bodenfläche der Bundesrepublik Deutschlands oder ca. 90% der Agrarfläche Deutschlands. Bezogen auf die Bodenfläche der Länder des ETSO Verbundes von ca. 4.957.000 km² wären das ca. 3,5% der Gesamtfläche. Bezogen auf die landwirtschaftlich genutzten Flächen dieser Länder von ca. 2.095.000 km² läge der Anteil bei ca. 8,2%. Berücksichtigt man, dass der in Unterkapitel 2.4 angenommene hohe Flächenertrag, nur auf guten Böden und mit intensiver Bewirtschaftung erreichbar erscheint, dann kann bei weniger intensiven Formen der Bewirtschaftung von einem Mehrfachen dieses Flächenbedarfs ausgegangen werden.

Die Flächen die von den Rotorblättern der Windturbinen überstrichen würden, betragen überschlägig ca. 5440 km². Dafür wären ca. 544.000 Windenergieanlagen mit jeweils 113 Metern Durchmesser erforderlich. Im Schnitt vier derartige Anlagen könnten auf einer Fläche von einem Quadratkilometer aufgestellt werden. Daraus folgt, dass europaweit auf einer Fläche von ca. 544.000 / 4 = 136.000 Quadratkilometern Standorte für Windenergieanlagen ausgewiesen werden müssten, um dieses Szenario zu realisieren. Der Bodenflächenbedarf der Anlagen beschränkt sich auf den Turmfuß und eine wasserdurchlässig befestigte Fläche von maximal 50 x 50 Metern, die diesen umgibt. Diese Befestigung wird benötigt zum Aufstellen von Kränen und Fahrzeugen bei der Errichtung und Wartung der Anlagen. Die Zufahrtswege erfordern einen weiteren Flächenbedarf, der noch einmal in der gleichen Größenordnung pro Anlage liegt. Pro Standort ergäbe das im Schnitt maximal 5000 Quadratmeter. Hochgerechnet auf alle 544.000 Standorte läge der reine Bodenflächenbedarf dieses Szenarios (b) für die Windenergieanlagen in Europa bei weniger als 3.000 Quadratkilometern. Für die Produktion von 85% des Strombedarfs aus Windenergie würden deutlich weniger als zwei Prozent der Bodenfläche von 170.000 Quadratkilometern benötigt, die deren Ausgleich für 15% des Bedarfs durch Biomasse erfordern würde. Da Bodenfläche nicht vermehrbar ist, liegt es nahe, gemäß Szenario (c), darüber nachzudenken, den Versorgungsanteil der Windenergie durch Inkaufnahme eines erhöhten nicht nutzbaren Leistungsdargebots zu steigern.

Im Gegensatz dazu sind Szenarien einer Energieversorgung mit sehr hohem Solarstromanteil in Europa aus der Sicht des Jahres 2010, allein aufgrund der hohen Kosten der Fotovoltaik-Module, kaum vorstellbar. Allerdings wird die Förderung dieser Technologie durch das Erneuerbare Energien Gesetz (EEG) in Deutschland gerne in Anspruch genommen. Der Aufbau dieser Stromerzeugungstechnik verzeichnet deshalb starke Zuwächse. Diese Art von Energiewandlern kann auf jedem Hausdach errichtet werden und sie geben dem Menschen ein Gefühl der Unabhängigkeit von den großen Stromkonzernen. Der Besitz einer Fotovoltaik-Anlage gilt als vorbildliches umweltbewusstes Handeln und trägt zum guten öffentlichen Ansehen des Betreibers bei. An der Senkung der Herstellungskosten wird weltweit geforscht und gearbeitet. Dies alles kann bewirken, dass die Bedeutung von Solarstrom Größenordnungen annehmen wird, die heute noch unvorstellbar erscheinen.

Um einen Vergleich zur Windenergie führen zu können, wurden die Szenarien d bis f untersucht. Ein signifikanter Vorteil kann aus der Substitution von Windenergie durch Energie aus Fotovoltaik bei einer Stromversorgung ohne Speichereinsatz nicht abgeleitet werden.

Die Häufigkeitsverteilung der europaweit verbrauchsanteilsgewichteten Globalstrahlung auf der Basis von Zeitreihen mit Dreistunden-Mittelwerten ist in Abbildung 3.5 zu sehen.

Bei einer feineren zeitlichen Auflösung (Ein-Stunden-Schritte) würden noch höhere Leistungsspitzen auftreten. Die Peakleistung auf Basis einer per Definition als maximal angenommenen Einstrahlung von 1000 Watt pro Quadratmeter läge bei ca. 740% der Durchschnittsleistung. Eine derartige Leistungsspitze würde eine gleichzeitig europaweit ungetrübte Atmosphäre über die Mittagsstunden voraussetzen. Die Auswertung zeigt, dass im untersuchten Zeitraum dreistündige Zeitabschnitte aufgetreten sind, in denen mit 590% - 600% der Durchschnittsleistung über 85% dieser theoretischen Obergrenze erreicht worden wären.

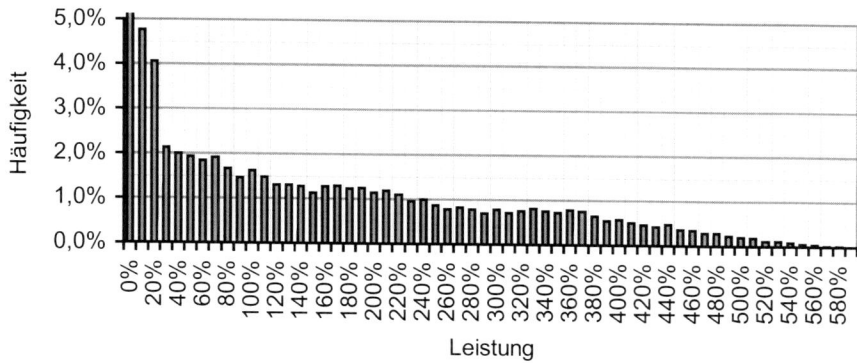

Abb. 3.5. Europaweit verbrauchsanteilsgewichtete Häufigkeitsverteilung der verfügbaren elektrischen Leistung von Solargeneratoren mit einer zur Globalstrahlung proportionalen elektrischen Leistungsabgabe auf der Basis von Zeitreihen aus Dreistundenmittelwerten zwischen 1996 und 2008. Der nicht vollständig dargestellte 0%-Leistungsbereich während der Nacht hat einen Anteil von 43,6%.

Kapitel 4 - Ausgleich volatiler Erzeugung mit Speichern

Anhand durchgerechneter Szenarien werden Möglichkeiten und Erfordernisse vorgestellt, wie sich durch Einsatz von Wind- und Solarenergie in Kombination mit Speichern und kontinentaler Fernübertragung elektrischer Leistung eine zuverlässige Stromversorgung darstellen lässt.

4.1 Volatile Stromerzeugung und Speicherbedarf

Ein Ausgleich von Wind- oder Solarenergie allein durch den Einsatz von Stromspeichern bei Verzicht auf einen zusätzlich vorgehaltenen Kraftwerkspark, der bei entleerten Speichern bedarfsgerecht produzierten Fremdstrom liefern könnte, erfordert die Verfügbarkeit einer Erzeugungsleistung, die über dem Durchschnittsverbrauch liegt. Die Gründe dafür sind der Wirkungsgradverlust, der bei jeder Zwischenspeicherung von Energie entsteht und der Umstand, dass selbst in einem Erzeugungsgebiet kontinentalen Ausmaßes deutliche Unterschiede im jährlich zu erwartenden Windenergiedargebot festzustellen sind. Die Stromversorgung sollte aber selbst in mehreren aufeinander folgenden windschwachen Jahren gewährleistet werden können. Der Abbildung 2.13 im Abschnitt 2.2.2 lässt sich entnehmen, dass das Windenergiedargebot Europas im Jahresdurchschnitt bis zu 10% unter dem langjährigen Mittelwert liegen kann. Auf nationaler Ebene können die jährlichen Abweichungen vom langjährigen Mittel bis zu 25% betragen. Die durch Speichereinsatz verloren gehende Energie wird durch den Wirkungsgrad der Speicher bestimmt und davon, welcher Anteil der benötigten Energie zwischengespeichert werden muss. Die Erzeugungsreserve hat bei einer speicherbasierten Stromversorgung mit volatiler Erzeugung die Aufgabe, die Speicherverluste auszugleichen und windschwache bzw. sonnenscheinarme Jahre sicher überbrücken zu können.

4.1.1 Windstromeinspeisung in Deutschland und Speicherbedarf

Die Abbildungen 4.1 bis 4.5 dieses Unterkapitels zeigen, wie eine Versorgungsaufgabe in Deutschland aufgrund der tatsächlichen Einspeisung von Windenergie in der Kombination mit Speichern hätte gelöst werden können. Als Speicherwirkungsgrad wurden 80% angesetzt. Die Diagramme basieren auf Zeitreihen im Stundentakt zwischen Januar 2005 und November 2008. Dargestellt sind die beiden extremen Jahre. Das Jahr 2006 hatte die meisten Flaute-Phasen und das Jahr 2007 war besonders windstark. Die Diagramme zeigen in den Farben:

- **rosa:** die Versorgungsaufgabe,
- **blau:** die tatsächliche Einspeisung in Prozent der durchschnittlichen Versorgungsaufgabe,
- **dunkelgelb:** die dem Speicher entnommene Leistung in Prozent der durchschnittlichen Versorgungsaufgabe,
- **rot:** die aus fremden Quellen erforderliche Leistung in Prozent der durchschnittlichen Versorgungsaufgabe,
- **grün:** die gespeicherte Energie in Tagesladungen (rechte y-Achse) bezüglich der durchschnittlichen Versorgungsaufgabe.

Die Versorgungsaufgabe erfordert immer 100% der im Durchschnitt vom Windenergie- / Speichersystem bereitgestellten Leistung. Sie ist konstant (=100%) bei der Abdeckung von Grundlast (Abb. 4.1, 4.2 und 4.5), sie entspricht dem tatsächlichen Lastverlauf bei Bedarfslast (Abb. 4.3) und sie deckt den Lastverlauf oberhalb der niedrigsten während des Jahres dauerhaft nachgefragten Leistung bei Spitzenlast ab (Abb. 4.4).

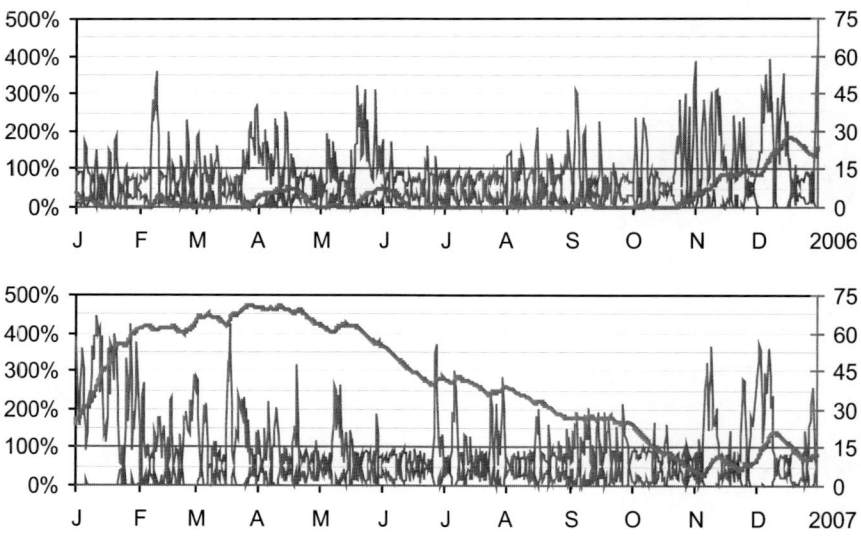

Abb. 4.1. Grundlastbereitstellung mit 5-fach installierter Windleistung. 100% = Durchschnittslast. (Quelle: eigene Berechnungen auf Basis von Daten des ISET)

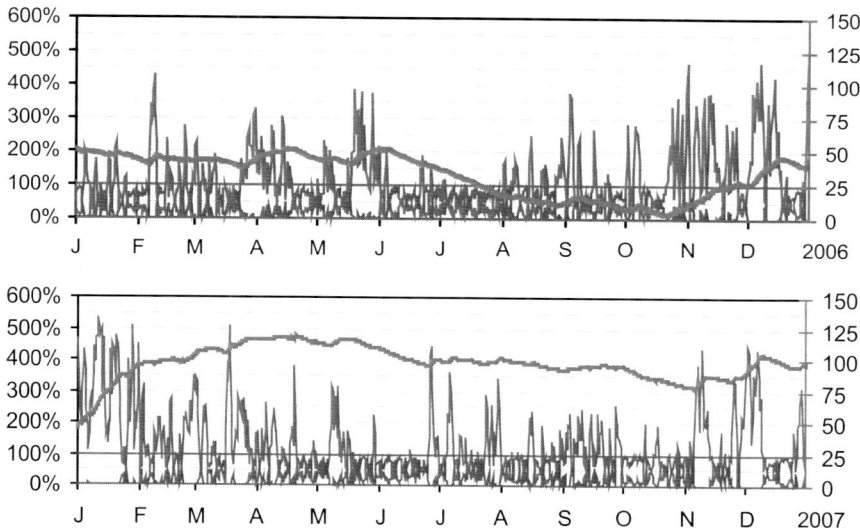

Abb. 4.2. Grundlastbereitstellung mit 6-fach installierter Windleistung. 100% = Durchschnittslast. (Quelle: eigene Berechnungen auf Basis von Daten des ISET)

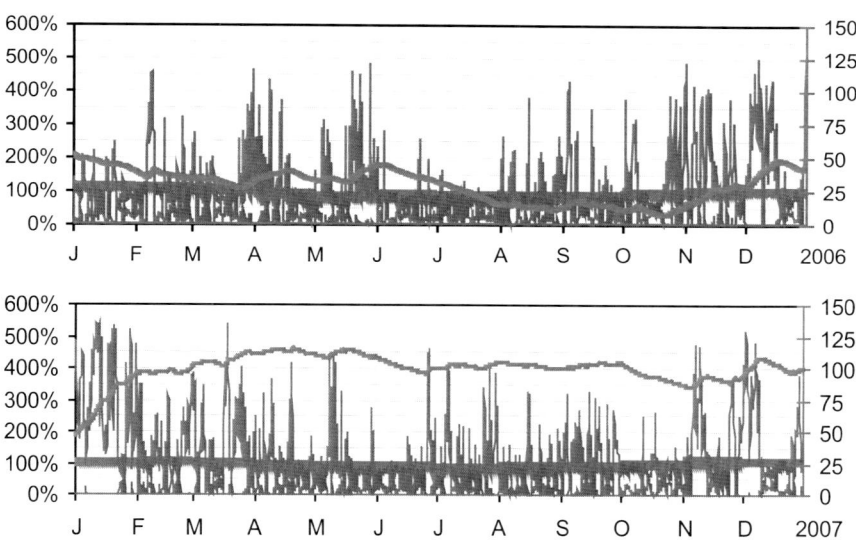

Abb. 4.3. Bedarfsorientierte Last bei 6-fach installierter Windleistung. 100% = Durchschnittslast. (Quelle: eigene Berechnung auf Basis von Daten des ISET und des Statistischen Bundesamt)

86   Kapitel 4 - Ausgleich volatiler Erzeugung mit Speichern

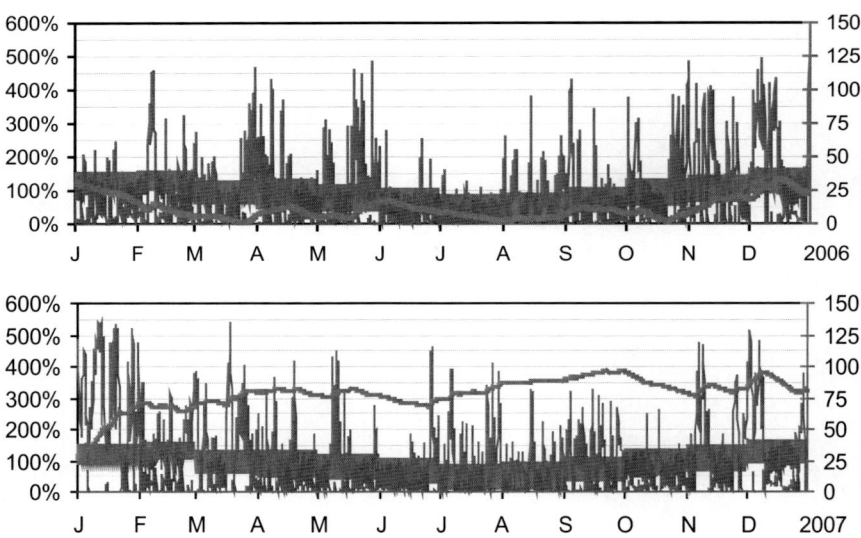

Abb. 4.4. Spitzenlast-Deckung mit 6-fach installierter Windleistung. 100% = Durchschnittslast. (Quelle: eigene Berechnung auf Basis von Daten des ISET und des Statistischen Bundesamt)

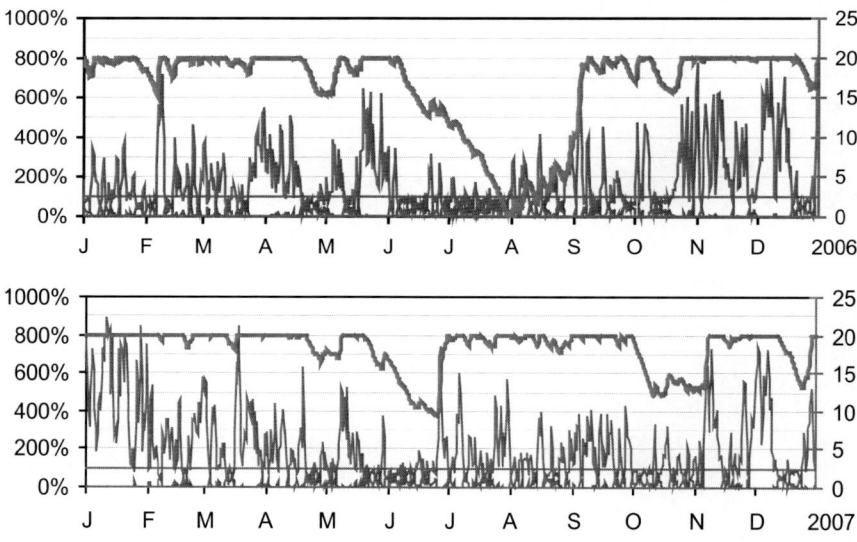

Abb. 4.5. Grundlast mit 10-facher Windleistung und begrenzter Speicherkapazität. 100% = Durchschnittslast. (Quelle: eigene Berechnung auf Basis von Daten des ISET)

Die Ergebnisse der Untersuchungen auf der Basis der tatsächlichen Windenergieeinspeisung in Deutschland sind in Tabelle 4.1 zusammengefasst.

Tabelle 4.1. Leistungs- und Kapazitätserfordernisse zu Darstellung einer Stromversorgung mit Windenergie und Speichern auf der Basis der tatsächlichen Verhältnisse von 2005 bis 2008. G: Grundlast, B: Bedarfslast, S: Spitzenlast.

Szenarien zu Abbildung	4.1	4.2	4.3	4.4	4.5	
Versorgungsaufgabe	G	G	B	S	G	
zu installierende Leistung für						
Windenergieanlagen	5	6	6	6	10	-fach
Speicheraufladung	4	5	5	5	9	-fach
Speicherabgabe	1	1	1,3	2,5	1	-fach
Fremdstrom	1	0	0	0	0	-fach
Erzeugungsleistung gesamt	7	7	7,3	8,5	11	-fach
nicht nutzbare Leistung	0%	6,6%	6,9%	8,0%	85%	
Speicherkapazitätsbedarf	70	100	90	70	20	Tage

4.2 Grundszenarien zum Speicherbedarf in Europa

Dieser Abschnitt untersucht drei Grundszenarien zur Darstellung einer jederzeit lieferfähigen europaweit vernetzten Stromversorgung auf der Basis von Speichern mit 80% Wirkungsgrad. Tabelle 4.2 listet die Eckdaten der zugrunde liegenden Simulationsläufe auf. Die Abbildungen 4.6 a) zum Szenario für Windenergie mit 20% Benutzungsgrad, b) für Windenergie mit 50% Benutzungsgrad und c) für globalstrahlungsproportional arbeitende Solarenergie, zeigen einen beispielhaft herausgegriffenen Zeitabschnitt. Dargestellt sind jeweils die Speicherleerung die in den großen Stromverbrauchsländern Europas eingetreten wäre und die verbrauchsanteilsgewichteten Kurven für die ETSO-Teilnehmerländer.

Die Kurvenverläufe der Windenergieszenarien zeigen, wie in zuverlässig wiederkehrender Regelmäßigkeit auch auf gesamteuropäischer Ebene die Speicher im Herbst gefüllt worden wären. Bei vollen Speichern im Winter hätte die in dieser Zeit verfügbare Überproduktion nicht genutzt werden können. Im Frühjahr hätte die Leerung der Speicher begonnen und am Ende des Sommers hätten sie ihren Tiefststand erreicht.

Tabelle 4.2. Eckdaten der Grundszenarien zur Darstellung einer sicheren kontinentalen Stromversorgung mit Wind- bzw. Solarenergie und Speichern.

räumliche Ausdehnung				
	Europa		ETSO-Verbund	
zeitliche Ausdehnung				
	von		1. Januar 1970	01.01.96
	bis		31. Dezember 2008	
Strombedarf			100%	
	bedarfsangepasste Last			
	landesbezogen		anteilig	
Stromerzeugung				
	Windenergieanteil		100%	0%
	Benutzungsgrad	20%	50%	-
	Solarenergieanteil		0%	100%
	Erzeugungsreserve		30%	
	insgesamt installierte Leistung		130%	
Speicher				
	Wirkungsgrad		80%	
	maximale Ladeleistung		160%	500%
	Kapazität		nach Bedarf	
Fernübertragung				
	Wirkungsgrad		95%	
	maximale Leistung		nach Bedarf	100%
Prioritätenregelung bei der Stromverwendung				
	1.	Eigenbedarf		
	2.	Füllen des eigenen Speichers		
	3.	Export		
	4.	nicht nutzbare Überproduktion		
Prioritätenregelung beim Stromimport				
	1.	Verbrauch in Regionen mit entleertesten Speichern		
	2.	Verbrauch in Regionen mit geringster Eigenproduktion		
	3.	Aufladung der entleertesten Speicher		

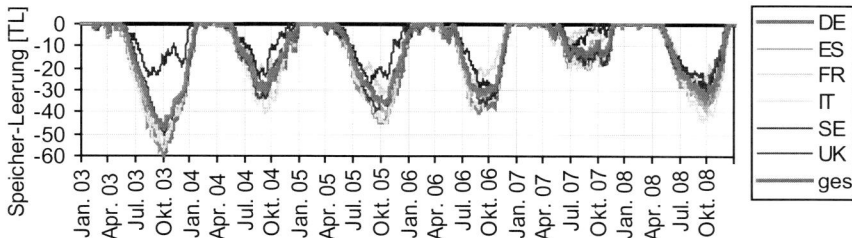

Abb. 4.6 a. Speicherleerung in Tagesladungen zu Windenergieanlagen mit 20% Benutzungsgrad

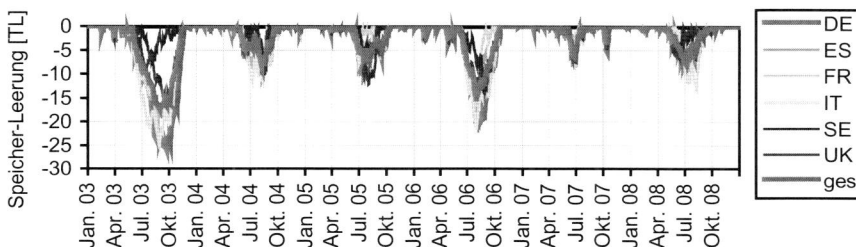

Abb. 4.6 b. Speicherleerung in Tagesladungen zu Windenergieanlagen mit 50% Benutzungsgrad

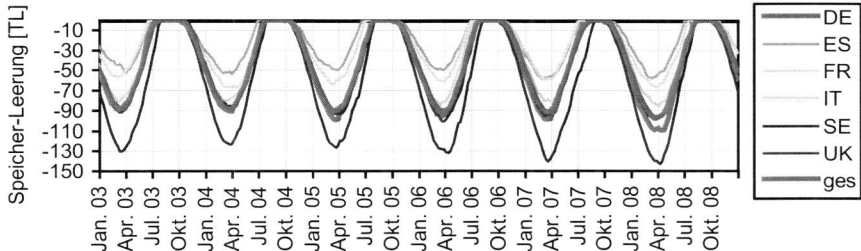

Abb. 4.6 c. Speicherleerung in Tagesladungen zu globalstrahlungsproportionaler Solarenergie.

Die Untersuchung über einen langen Zeitraum verdeutlicht, dass die jährlich aus dem Speicher zu entnehmende Energie erheblichen Schwankungen unterworfen wäre. Die Speicherleerungskurven der beispielhaft gezeigten Länder ergeben, dass trotz europäischen Ausgleichs erhebliche Unterschiede in den einzelnen Regionen auftreten würden. Windenergie mit 50% Benutzungsgrad (Abb. 4.6 b) zeigt gegenüber dem Szenario mit 20% Benutzungsgrad (Abb. 4.6 a) eine erhebliche Reduzierung des erforderlichen Speicherbedarfs für den Ausgleich zwischen volatiler Erzeugung und dem realen Verbrauch wie er in den Jahren 2006 bis 2008 in den Teilnehmerländern des ETSO Verbund festgestellt werden konnte.

Mit deutlich höherem Speicherkapazitätsbedarf, geradezu gegenläufig zur Windenergie und im jahreszeitlichen Verlauf wesentlich gleichmäßiger zeigt sich die

Speicherleerung, die bei einer Stromversorgung allein mit Solarenergie eingetreten wäre (Abb. 4.6 c). Deutlich erkennbar sind die Unterschiede aufgrund der jahreszeitabhängigen Tageslängen bei der Solarenergie zwischen den südlicher und den nördlicher gelegenen Ländern mit der Folge, dass der Speicherkapazitätsbedarf beispielsweise in Schweden deutlich höher ausfiele als in Spanien oder Italien.

Um abschätzen zu können, welche Infrastruktur vorzuhalten wäre, um eine derartige Stromversorgung darzustellen, interessieren die Extremwerte, die über einen langen Zeitraum zu erwarten sind. Die maximal auftretenden volatilen Erzeugungsleistungen sollten abtransportiert und dem Verbrauch zugeführt oder gespeichert werden können. Die beobachtbaren Leistungsspitzen hängen stark vom jeweiligen Szenario ab. Sie fallen mit fast 890% der im Durchschnitt benötigten Leistung beim Szenario mit reiner Solarenergieversorgung am höchsten aus und liegen bei Windenergie mit 50% Benutzungsgrad immer noch bei 270% des Durchschnittsleistungsbedarfs. Ein volatiles Leistungsdargebot oberhalb der regionalen Nachfrage kann nur genutzt werden, wenn entsprechende Fernübertragungsleistungen vorgehalten werden und/oder die Speicher mit einer entsprechenden Ladeleistung ausgerüstet sind. Bei allen Szenarien kommt es auf nationaler Ebene zu Situationen, bei denen die volatile Stromerzeugung vollständig zum Erliegen kommt. Das bedeutet, dass die Speicher in der Lage sein müssen, die größte zu erwartende Lastspitze abzudecken. Auch gesamteuropäisch kommt es zu Situationen, wo die volatile Stromerzeugung im kontinentalen Maßstab fasst vollständig ausfällt. Beim Solarstrom ist das in jeder Nacht regelmäßig der Fall.

Aber auch beim Wind können Zeitabschnitte festgestellt werden, wo die Stromproduktion bei 20% Benutzungsgrad europaweit unter 3% der im Durchschnitt benötigten Leistung abgesunken wäre. Die Erzeugungsleistung der Speicherkraftwerke sollte deshalb mit einem gewissen Sicherheitszuschlag oberhalb der maximal zu erwartenden Nachfrage gewählt werden. Wenn man an konventionelle Pumpspeicherkraftwerke denkt, dann ist damit auch die maximale Ladeleistung festgelegt, weil die Pumpturbinen und die Wasserwege zum Hochpumpen und Herunterlassen des Wassers in beide Richtungen genutzt werden. Das ist der Grund, warum bei den Windenergieszenarien die maximale Speicherladeleistung auf 160% der im Durchschnitt nachgefragten Leistung begrenzt wurde.

4.2 Grundszenarien zum Speicherbedarf in Europa

Tabelle 4.3. Vergleich von Extremwerten der Grundszenarien von Wind- und Solarenergie im europäischen Kontext.

	Windenergie		Solarenergie
Untersuchungszeitraum [Jahre]	39		13
Benutzungsgrad	20%	50%	-
Versorgungsaufgabe	100%		
Mindestbedarf	64%		
Maximalbedarf	142%		
volatile Erzeugung			
im Mittel verfügbar	130%		
verbrauchsanteilsgewichtete Extreme der ETSO-Länder			
maximal verfügbar	662%	271%	887%
minimal verfügbar	0%	0%	0%
verbrauchsanteilsgewichtete Extreme zu einem Zeitpunkt			
maximal verfügbar	548%	260%	775%
minimal verfügbar	2,6%	10,4%	0%
Speicherladeleistung			
Maximum in den Ländern	160%	160%	500%
maximal zu einem Zeitpunkt	146%	135%	500%
Exportleistung			
Maximum in den Ländern	491%	189%	100%
maximal zu einem Zeitpunkt	141%	80%	49%
nicht nutzbares Leistungsüberangebot			
Maximum in den Ländern	555%	191%	732%
maximal zu einem Zeitpunkt	436%	171%	625%
dem Speicher entnommene Leistung			
Maximum in den Ländern	144%	138%	145%
maximal zu einem Zeitpunkt	116%	98%	138%
Importleistung zum direkten Verbrauch			
Maximum in den Ländern	144%	140%	70%
maximal zu einem Zeitpunkt	82%	50%	27%
Speicherleerung in Tagesladungen			
Maximum in den Ländern	61	26	101
maximal zu einem Zeitpunkt	57	20	98

Beim Solarenergieszenario müssten Pumpspeicher zusätzliche mit separaten Pumpen und Wasserwegen allein zur Aufladung versehen werden, um die in täglichen Pulsen ankommende Solarleistung überhaupt speichern zu können. Eine Alternative wäre es, zur Glättung des Tagesganges von Solarenergieanlagen auf andere Speichertechniken auszuweichen. Für dieses Szenario wurde die maximale Speicherladeleistung auf 500% der Durchschnittsnachfrage begrenzt. Diese maximalen Ladeleistungen wurden in allen drei Szenarien auch in Anspruch genommen.

Erzeugungsleistung über dem Eigenbedarf und der Ladeleistung der eigenen Speicher oder bei gefüllten eigenen Speichern sollte exportiert werden können, wenn diese nicht ungenutzt bleiben soll. Das Maximum der Exportleistung gibt einen Hinweis darauf, wie die Fernübertragungsleitungen zu dimensionieren wären, um Überschüsse aus Regionen mit temporärer Überproduktion in Regionen abzutransportieren, in denen zeitgleich zu wenig volatiler Strom verfügbar ist. Windenergie mit 20% Benutzungsgrad würde mit 490% des Durchschnittsbedarfs die leistungsstärksten Fernübertragungsverbindungen erfordern. Bei 50% Benutzungsgrad reduziert sich die maximal in Anspruch genommene Fernübertragungsleistung auf unter 190% der durchschnittlichen Nachfrage. Weil das Solarstromaufkommen an den Tagesablauf gekoppelt ist und zwischen den Ländern auf dem europäischen Kontinent keine großen Zeitverschiebungen bestehen, kommt es bei diesem Szenario kaum zu bedeutenden Exporten und Importen. Deshalb wurde die maximale Fernübertragungsleistung für das Szenario auf 100% des Durchschnittsbedarfs festgelegt. Diese Leistung würde allerdings auch immer wieder einmal in Anspruch genommen.

Nicht nutzbare volatile Leistung steht dann zur Verfügung, wenn Wind oder Sonne mehr Strom liefern könnten, als temporär direkt verbraucht wird und die Speicher aufgeladen sind oder mit der maximalen Ladeleistung gefüllt werden. Durch Regelungseingriffe in die volatilen Erzeugungskraftwerke zur Reduzierung der abgegebenen Leistung oder durch Abschaltung entsprechender Einheiten müsste dann dafür gesorgt werden, dass diese überschüssig verfügbare Leistung keine Schäden im Stromnetz anrichten kann. Diese nicht nutzbare Leistung würde beim reinen Solarenergieszenario in der Spitze bis über 730% der Durchschnittsleistung erreichen und käme bei Windenergie mit 50% Benutzungsgrad auf ca. 190% der Durchschnittsleistung.

Der Speicherbedarf der Grundszenarien läge bei der Solarenergie mit ca. 100 Tagesladungen am höchsten und mit ca. 26 Tagesladungen bei Windenergie mit 50% Benutzungsgrad am niedrigsten.

Die Leistungsklassierungen der Abbildungen 4.7 a) für Windenergie mit 20% Benutzungsgrad, b) für Windenergie mit 50% Benutzungsgrad und c) für globalstrahlungsproportionale Solarenergie geben Aufschluss darüber, wie die Versorgung in Abhängigkeit von der europaweit verfügbaren Leistung sichergestellt wird und wofür die verfügbare Leistung verwendet wird. Auf den Abszissen sind die auftretenden verfügbaren Leistungen in 10% Klassen in Bezug auf den durchschnittlichen Verbrauch, aufgetragen. In Ordinatenrichtung sind von unten nach oben zunächst die Leistungsquellen aufgetragen, mit denen der Verbrauch gedeckt wird und darüber, wie die Leistungen oberhalb des Eigenbedarfs verwendet werden.

Die drei unten angeordneten Balken zeigen für die Speicherentnahme (SPE), den Import zum direkten Verbrauch (IMV) und den eigenproduzierten Bedarf (EBD), wie die Nachfrage in Abhängigkeit von der zur Verfügung stehenden Leistung erfüllt wird. Oberhalb von EBD gibt es einen schmalen Streifen, in dem Import zum Aufladen der Speicher (IMS) stattfindet. Strom über dem Eigenbedarf dient zunächst zum Aufladen der eigenen Speicher (SPL) und darüber hinaus verfügbare Überschüsse gehen in den Export (EXP). Übersteigt das verfügbare Leistungsangebot die Nachfrage, dann ist dieser Strom nicht nutzbar (NNÜ).

Bei den verschiedenen Szenarien ergeben sich erhebliche Unterschiede. Für Windenergieanlagen mit 20% Benutzungsgrad zeigt sich, dass im Durchschnitt von der verfügbaren Leistung nicht viel mehr als der 2,3-fache Durchschnittsverbrauch verwendet würde. Darüber hinaus installierte Windenergieanlagen-Leistung könnte in Starkwindsituationen nur noch zu einem geringen Teil einer Verwendung zugeführt werden.

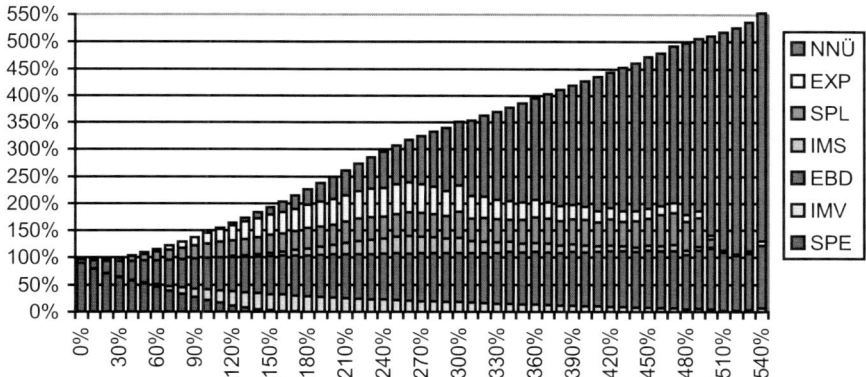

Abb. 4.7 a. Leistungsklassierung für Windenergieanlagen mit 20% Benutzungsgrad. 100% = Durchschnittslast.

Bei Windenergieanlagen mit 50% Benutzungsgrad würde nicht nutzbare Leistung einen deutlich geringeren Anteil von der installierten Leistung einnehmen.

94   Kapitel 4 - Ausgleich volatiler Erzeugung mit Speichern

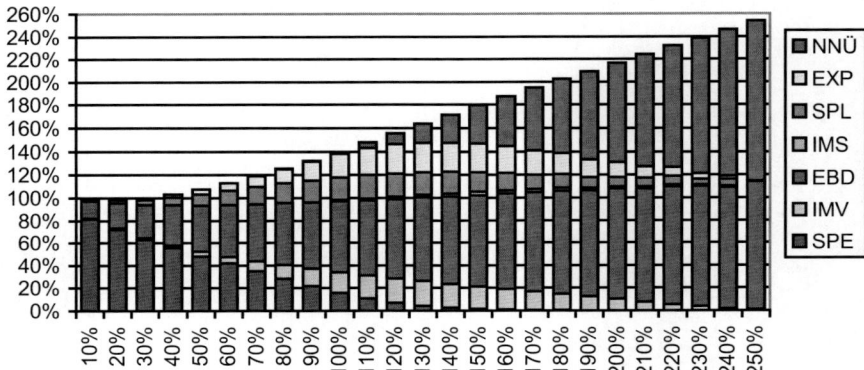

Abb. 4.7 b.. Leistungsklassierung für Windenergieanlagen mit 50% Benutzungsgrad.

Beim Solarenergie-Szenario sind die Zeitanteile in denen sehr hohe Leistungen zur Verfügung stehen gering und gleichzeitig kommt es in jeder Nacht zu einer Entladung der Speicher. Die Speicherladeleistung wurde im Vergleich zur Windenergie viel höher angesetzt. Deshalb würden auch weniger häufig auftretende hohe Leistungsspitzen zu einem erheblichen Anteil gespeichert werden.

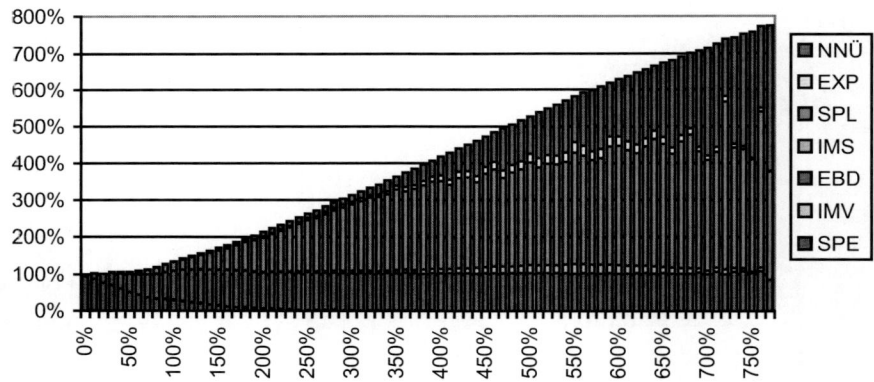

Abb. 4.7 c. Leistungsklassierung für globalstrahlungsproportionale Solarenergie.

Während die Leistungsklassierung Aufschluss darüber gibt, wie die installierte Leistung bei ihrem Auftreten einer Verwendung zugeführt wird, zeigt die Darstellung der Energien, die in den Leistungsklassen umgesetzt werden, in welchem Ausmaß die Leistungsbereiche zur Gesamtbilanz des Energieumsatzes beitragen. Analog zur Leistungsklassierung sind bei der Energieumsatzklassierung in den Abbildungen 4.8 a bis c die Energien nach Quelle bzw. Verwendung von unten nach oben in die Diagramme eingetragen:

– Espe: dem Speicher entnommene Energie,
– Eimv: importierte Energie die direkt verbraucht wird,
– Eebd: Energie aus Eigenproduktion zur Eigenbedarfsdeckung,
– Eims: importierte Energie zur Aufladung der Speicher,
– Espl: Energie zur Aufladung des Speichers aus eigener Produktion,
– Eexp: exportierte Energie,
– Ennü: nicht nutzbare, über den Bedarf verfügbare Energie.

Insbesondere bei Windenergie mit 20% Benutzungsgrad wäre wegen der Seltenheit des Auftretens der Beitrag der Leistungsspitzen oberhalb ca. 300% der im Durchschnitt nachgefragten Leistung gering im Vergleich zur insgesamt erzeugten Energie. Die größten kontinental auftretenden Leistungsspitzen kommen so selten vor, dass ihr Beitrag zur Energieversorgung eine sehr untergeordnete Rolle spielen würde. Sowohl die Aufladung der Speicher als auch Export und Import finden bei diesen Starkwindsituationen kaum mehr statt.

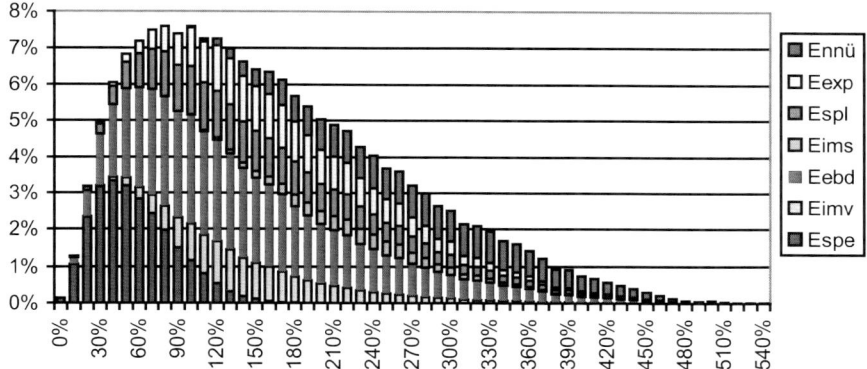

Abb. 4.8 a. Energieumsatzklassierung zu Windenergie mit 20% Benutzungsgrad. 100% = insgesamt verbrauchte Energie.

Bei 50% Windenergie-Benutzungsgrad würde das bereitstehende Leistungsspektrum besser ausgenutzt.

Beim Szenario mit Solarenergie würde ein wesentlich größerer Anteil der umgesetzten Energie zwischengespeichert. Im Gegensatz zur Windenergie zeigt die Energieumsatzklassierung zur Solarenergie, dass Export und Import dabei eine sehr untergeordnete Rolle spielen würde.

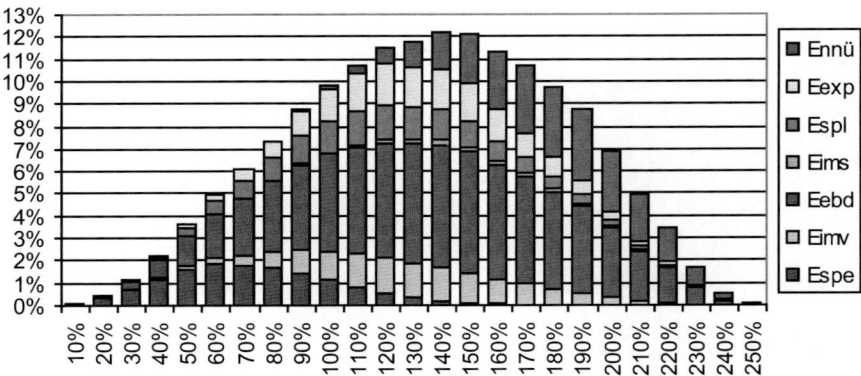

Abb. 4.8 b. Energieumsatzklassierung zu Windenergie mit 50% Benutzungsgrad. 100% = insgesamt verbrauchte Energie.

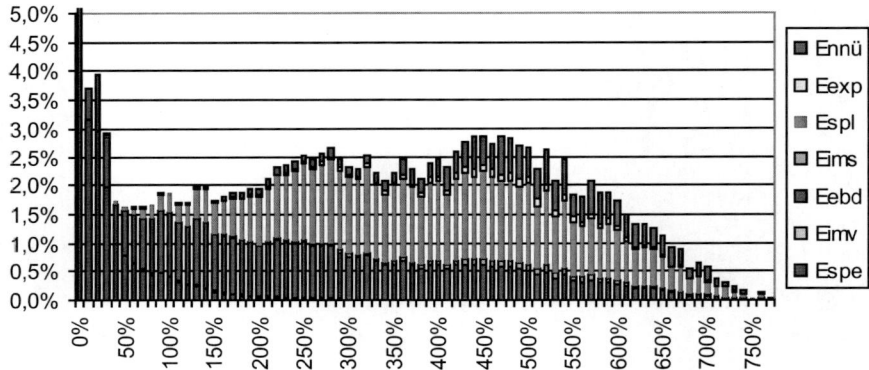

Abb. 4.8 c. Energieumsatzklassierung zu globalstrahlungsproportionaler Solarenergie. Der gekappte Anteil nicht verfügbarer Solarleistung während der Nacht beträgt 39,6%. 100% = insgesamt verbrauchte Energie.

Wie die Verhältnisse bei der Windenergie ohne die kontinentale Vernetzung aussehen würden, zeigen die Abbildungen 4.9 beispielhaft für einige ausgewählte Regionen des europäischen Kontinents. Aus Abbildung 4.9 a geht hervor, dass Speicher, die mit maximal 160% der im Durchschnitt nachgefragten Leistung geladen werden könnten, in Kombination mit Windenergieanlagen mit 20% Benutzungsgrad, nicht in der Lage wären, die anfallende Überproduktion aufzunehmen um genügend Energie für die windschwachen Zeiten zu bunkern, obwohl 30% mehr Strom erzeugt, als im Durchschnitt abgenommen würde. Damit die anfallenden Überschüsse im notwendigen Umfang gespeichert werden könnten, müssten die Speicher so ausgelegt werden, dass sie, wie bei der Solarenergie, mit viel höherer Leistung aufgeladen werden könnten, als sie in umgekehrter Richtung für die Bedarfsdeckung abgeben können müssten.

Windenergieanlagen mit 50% Benutzungsgrad (siehe Abbildung 4.9 b) würden ohne kontinentale Vernetzung eine höhere Speicherkapazität erfordern, die Speicher würden sich aber im Winter in steter Regelmäßigkeit immer wieder füllen.

Da es bei der Solarenergie wegen der europaweit nahezu synchron stattfindenden Leistungsentfaltung kaum zu Export und Import käme, würden sich die Verhältnisse dieses Szenarios ohne kontinentale Vernetzung kaum von denjenigen mit Vernetzung unterscheiden.

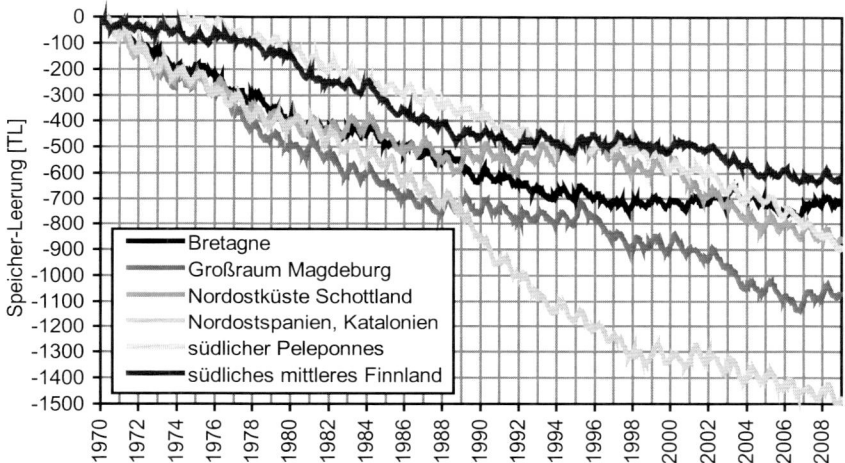

Abb. 4.9 a. Speicherleerung in Tagesladungen ohne kontinentalen Ausgleich bei 20% Windenergie-Benutzungsgrad.

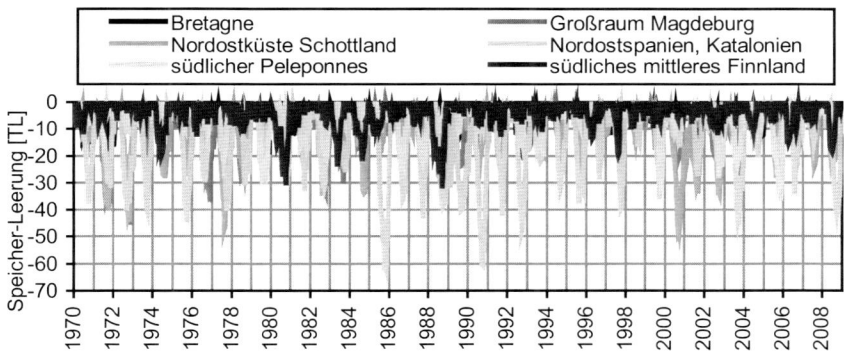

Abb. 4.9 b. Speicherleerung in Tagesladungen ohne kontinentalen Ausgleich bei 50% Windenergie-Benutzungsgrad.

Tabelle 4.4. Infrastrukturbedarf und Wirkung von Speichern und kontinentaler Vernetzung auf die Grundszenarien einer erneuerbaren europäischen Energieversorgung.

Szenario	a	b	c	
Benutzungsgrad	20%	50%	-	
Windenergieanteil	100%	100%	0%	
Solarenergieanteil	0%	0%	100%	
Erzeugungsreserve	30%	30%	30%	
Infrastrukturbedarf				
zu installierende volatile Erzeugungsleistung				
Windenergie	6,6	2,7	-	-fach
Solarenergie	-	-	8,8	-fach
Speicherkraftwerke				
installierte Ladeleistung	1,6	1,6	5	-fach
installierte Abgabeleistung	1,6	1,6	1,6	-fach
Speicherkapazität	61	26	101	TL
Anteil am Energieumsatz	25%	14%	54%	
Fernübertragungsverbindungen				
installierte Leistung	4,9	1,9	1	-fach
Ausgleichsanteil	23%	17%	3,5%	

Tabelle 4.4 fasst den Infrastrukturbedarf der zu installierenden Leistungen in Bezug auf den Durchschnittsbedarf der drei Grundszenarien zusammen und gibt Auskunft darüber, welche Wirkung durch den Speichereinsatz und durch die kontinentale Vernetzung erzielt würde.

Speicher hätten für das Solarenergieszenario eine überragende Bedeutung. Der kontinentale Ausgleich wäre besonders wichtig für eine Stromversorgung, die auf einen hohen Anteil von Windenergieanlagen mit niedrigem Benutzungsgrad aufbaut. Windenergieanlagen mit hohem Benutzungsgrad reduzieren den Speicherbedarf und den Energieumsatz, der über die Speicher abzuwickeln wäre. Sie tragen auch dazu bei, den Ausgleich mit niedriger Fernübertragungsleistung zu ermöglichen.

Den Energieumsatzklassierungen der Abbildungen 4.8 a bis c lässt sich entnehmen, dass die in Tabelle 4.4 angegebenen Fernübertragungsleistungen auch reduziert werden könnten, ohne dass das gravierende Auswirkungen auf das Gesamtsystem hätte.

4.2.1 Analyse der Speichernutzung

Neben den bereitzustellenden Speicherkapazitäten, die sich aus den Extremwertuntersuchungen des Abschnitts 4.2 ergeben, interessiert bei einem Speicher auch, wie dieser genutzt wird. Dafür liefert die Zeit, die zwischen Aufladung und Abruf eines Energiebetrages liegt, eine aufschlussreiche Information. Die im Jahre 2010 eingesetzten Pumpspeicher folgen häufig einem Tag-Nacht Zyklus mit Aufladung bei Stromüberangebot in der Nacht und Entladung bei Spitzenstrombedarf am Tage. Das führt unter konventionellen Produktionsbedingungen zu einem lukrativen Geschäft, bei dem es möglich ist, den Speicher täglich mit preisgünstigem Nachtstrom aufzuladen und ihn am Tage, gut bezahlt, wieder zu entleeren. Die Speicherleerungskurven zum Ausgleich volatiler Energieformen folgen aber weit über den Ausgleich der Lastschwankungen zwischen Tag und Nacht hinaus, den Langzeiterfordernissen, den die Jahreszeiten und Wetterverhältnisse einer Stromversorgung aufprägen. Abbildung 4.10 zeigt, wie aus einer Speicherleerungskurve die Dauer abgelesen werden kann, welche ein Energiebetrag im Speicher eingelagert war, bis er wieder abgerufen wird. Dargestellt ist beispielhaft die Speicherleerungskurve für Deutschland vom 21. bis 25. September 2008 in dreistündigen Zeitschritten zu Windenergieanlagen mit 50% Benutzungsgrad.

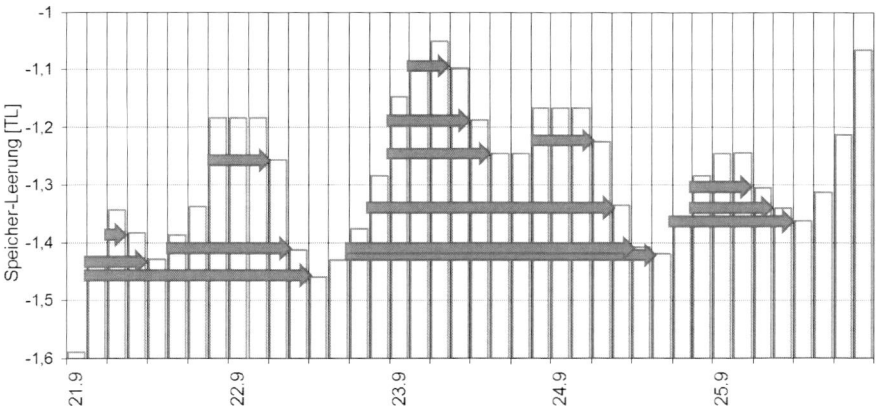

Abb. 4.10. Dauer zwischen Aufladung und Entladung eines Speichers. [TL] = Tagesladungen.

Kleine Energiebeträge werden, wenn der Windstrom nicht ausreicht um die vollständige Stromnachfrage zu decken, wie bei konventionellen Pumpspeichern täglich von der Nacht auf den Tag verschoben. Die großen Beträge werden aber nur einmal pro Jahr abgerufen, wenn im Sommerhalbjahr der Wind insgesamt nicht in der Lage ist, den durchschnittlichen Bedarf zu decken.

Abbildung 4.11 zeigt die zeitliche Verschiebung des Energieverbrauchs durch die Speicher, verbrauchsanteilsgemittelt für den gesamten ETSO Verbund in verschiedenen zeitlichen Auflösungen für Windenergie mit 50% Benutzungsgrad.

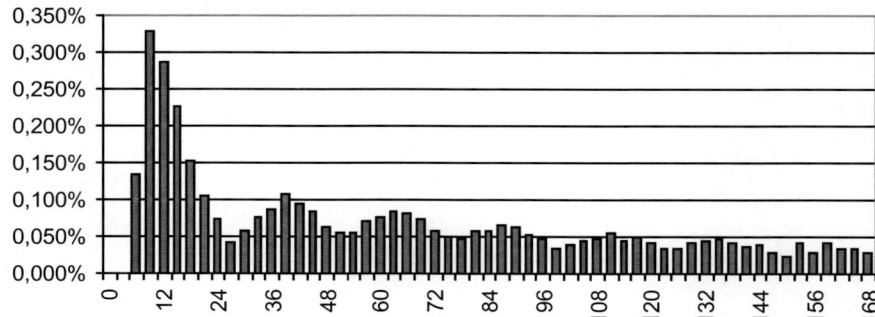

Abb. 4.11 a. Zeitliche Verschiebung von Windenergie in 3-Stunden Schritten für eine Woche. 100% = insgesamt verbrauchte Energie.

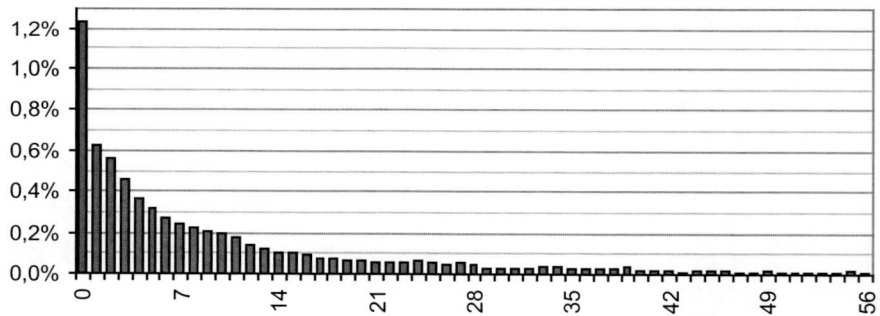

Abb. 4.11 b. Zeitliche Verschiebung von Windenergie in Tages-Schritten für acht Wochen.

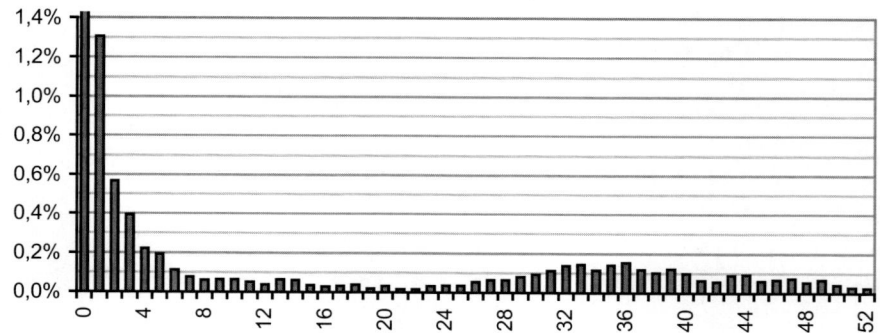

Abb. 4.11 c. Zeitliche Verschiebung von Windenergie in Wochen-Schritten für ein Jahr. Der Energieanteil, der weniger als eine Woche zwischengespeichert wurde und nicht vollständig dargestellt ist, beträgt 3,84% des Gesamtenergieverbrauchs.

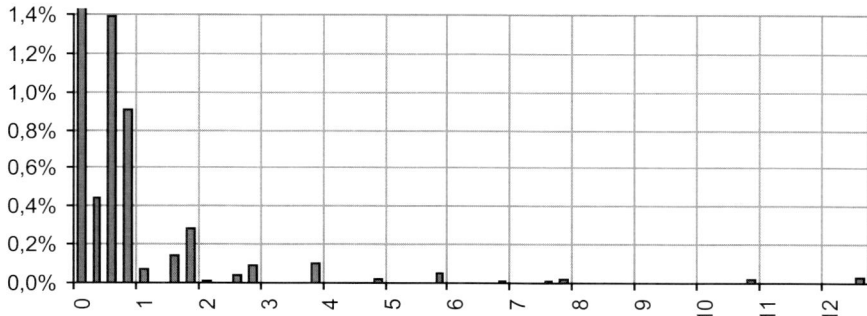

Abb. 4.11 d. Zeitliche Verschiebung von Windenergie in Quartals-Schritten für zwölfeinhalb Jahre. Der Energieanteil, der weniger als ein Quartal zwischengespeichert wurde und nicht vollständig dargestellt ist, beträgt 6,98% des Gesamtenergieverbrauchs.

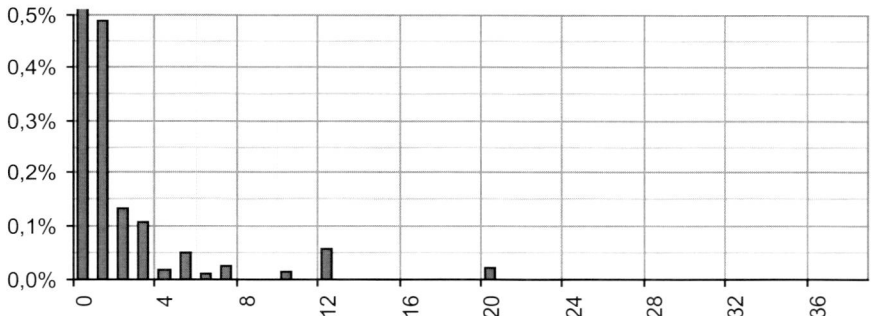

Abb. 4.11 e. Zeitliche Verschiebung von Windenergie in Jahres-Schritten für 39 Jahre. Der Energieanteil, der weniger als ein Jahr zwischengespeichert wurde und nicht vollständig dargestellt ist, beträgt 9,73% des Gesamtenergieverbrauchs.

Aus Abbildung 4.11 a kann der typische Ausgleich, der zwischen Tag und Nacht stattfindet, in Dreistunden-Schritten abgelesen werden. Der absolut gesehen größte Energieumsatz durch den Speicher erfährt eine Zeitverschiebung zwischen Erzeugung und Verbrauch von neun bis zwölf Stunden. Das deckt sich sehr gut mit den Lastkurven, die im Tagesgang in allen Ländern Europas zwischen null und sechs Uhr den geringsten Strombedarf ausweisen und ab Mittag ihr Maximum erreichen. Der Zeitversatz zwischen den Zeitschritten drei bis sechs Uhr und zwölf bis fünfzehn Uhr beträgt beispielsweise neun Stunden. Über so eine Zeitspanne wären 0,33% des gesamten europäischen Elektrizitätsbedarfs verschoben worden. Verschiebungen um genau das Vielfache eines Tages in das der Aufladung folgende Zeitfenster finden dagegen mit der geringsten Häufigkeit statt. So erreicht der Energieumsatz, der 27 Stunden nach der Erzeugung verbraucht wird mit 0,043% nur noch 13% des Umsatzes, der neun Stunden zwischengespeichert war. Die Maxima der Energieumsätze mit mehrtägiger Zeitverschiebung können nach n x 24 +

15 Stunden identifiziert werden. Über einen Tag und 15 Stunden würden 0,109% des gesamten europäischen Energieumsatzes zwischengespeichert werden. Das wäre das über 2,5-fache dessen, was einen Tag und drei Stunden lang zwischengespeichert worden wäre.

Die insgesamt zwischengespeicherte Energie in Europa, die in den Abbildungen 4.11 a bis e beispielhaft dargestellt ist, hätte ca. 10,7% der insgesamt verbrauchten Energie ausgemacht. Das ergibt sich zum Beispiel aus der Addition der Anteile in Abb. 4.11 e.

Abbildung 4.11 c, zeigt die Energieumsätze, die bis zu ein Jahr lang zwischengespeichert worden wären, in Wochenschritten. Nach der alles überragenden ersten Woche, deren Energieanteil 3,84% des Gesamtenergiebedarfs beträgt und nicht vollständig dargestellt ist und einigen Folgewochen mit abklingenden Anteilen, wird erkennbar, dass bedeutende Anteile der insgesamt über den Speicher umgesetzten Energie zwischen einem halben und einem dreiviertel Jahr lang vor ihrem Verbrauch zwischengespeichert worden wäre. Diesen Befund liefert auch die quartalsweise Darstellung in Abb. 4.11 d in der die zeitliche Verschiebung um ein dreiviertel Jahr auch noch für weitere Jahre erkennbar wird.

Tabelle 4.5. Verweilzeit von Windenergie mit 50% Benutzungsgrad im Speicher. Gesamtbezug: 100% = Gesamtenergieverbrauch Europas, Speicherbezug: 100% = die insgesamt über die Speicher umgesetzte Energie.

Verweilzeit			Gesamtbezug		Speicherbezug	
von	bis	Einheit	Anteil	Summe	Anteil	Summe
6	12	Stunden	0,46%	0,463%	4,34%	4,34%
12 Std	1	Tag	0,78%	1,24%	7,29%	11,63%
1	2	Tage	0,62%	1,86%	5,85%	17,49%
2	4	Tage	1,02%	2,88%	9,57%	27,06%
4 Tage	1	Woche	0,95%	3,84%	8,95%	36,01%
7 Tage	1	Monat	2,35%	6,19%	22,03%	58,04%
1 Monat	1	Quartal	0,79%	6,98%	7,45%	65,49%
1 Quartal	1	Jahr	2,75%	9,73%	25,80%	91,29%
1 Jahr	2	Jahre	0,49%	10,22%	4,59%	95,88%
2 Jahre	4	Jahre	0,24%	10,46%	2,26%	98,14%
4 Jahre	8	Jahre	0,10%	10,56%	0,98%	99,12%
8 Jahre	16	Jahre	0,07%	10,64%	0,69%	99,81%
16 Jahre	32	Jahre	0,02%	10,66%	0,19%	100,00%

Tabelle 4.5 fasst für Windenergie mit 50% Benutzungsgrad zusammen welche Anteile wie lange zwischen Erzeugung und Verbrauch zwischengespeichert waren.

Deutlich anders würden sich die Verweilzeiten von Energie in den Speichern bei einer Stromversorgung allein mit Solarenergie darstellen. Diese sind in den Abbildungen 4.12 a bis c dargestellt.

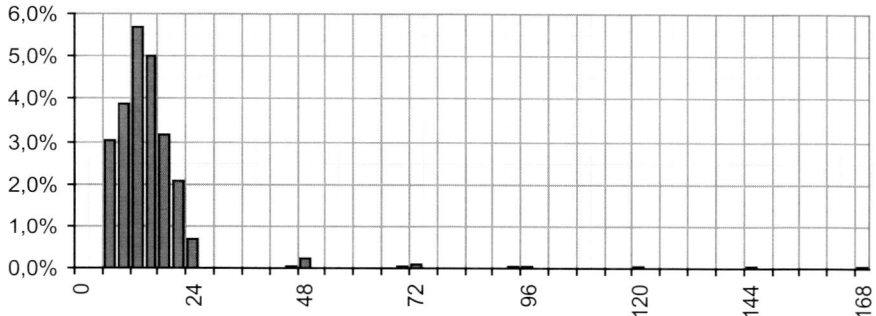

Abb. 4.12 a. Zeitliche Verschiebung von Solarenergie in drei Stunden Schritten. 100% = insgesamt verbrauchte Energie.

Abbildung 4.12 a verdeutlicht, dass die Verschiebung vom Tag in die Nacht mit einer Verweilzeit unter 24 Stunden, die alles überragende Aufgabe der Speicher wäre. Nahezu 23% des gesamteuropäischen Energieumsatzes würden bei diesem Szenario weniger als einen Tag lang zwischengespeichert. Vom Betrag her deutlich kleinere Mengen, das zeigen die weiteren Energiebeträge auf der Stundenskala für eine Woche, werden in die gleiche oder in die Folgestunde der nachfolgenden Tage verschoben. Im verbrauchsanteilsgewichteten europäischen Mittel werden etwas über 24% der insgesamt verbrauchten Energie bis zu einer Woche zwischengespeichert.

Abbildung 4.12 b, mit der Darstellung der Energiebeträge, die bis zu einem Jahr eingespeichert wären, macht deutlich, dass über eine Zeit von ca. acht Wochen im Sommer bei gefüllten Speichern, keine nennenswerten Energieumsätze stattfänden. Diese setzen dann ein, wenn sich der Speicher im Herbst zu leeren beginnt. Mit fortschreitender Jahreszeit wird dann auf immer länger eingelagerte Energiebeträge zurückgegriffen, mit denen im Frühjahr der Speicher gefüllt wurde. Im Zeitraum eines Jahres werden auf diese Weise etwas über 50% des gesamten europäischen Energieumsatzes zu diesem Szenario über den Speicher zeitlich verschoben. Etwa die Hälfte davon verweilt unter 24 Stunden im Speicher, die andere Hälfte im Durchschnitt ca. ein halbes Jahr.

104   Kapitel 4 - Ausgleich volatiler Erzeugung mit Speichern

Wegen der zu beobachtenden Gleichmäßigkeit der gesamteuropäisch betrachteten Globalstrahlung kommt es, wie Abbildung 4.12 c zeigt, zu keinen nennenswerten Verschiebungen von Energie über den Zeitraum eines Jahres hinaus. Knapp ein Prozent wird noch ins erste Quartal des Folgejahres verschoben, der Rest verteilt sich mit ca. einem halben Prozent des Gesamtenergieumsatzes auf den weiteren dreizehnjährigen Untersuchungszeitraum.

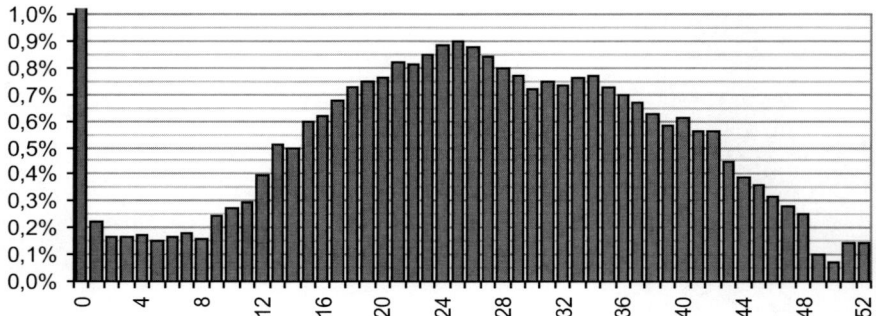

Abb. 4.12 b. Zeitliche Verschiebung von Solarenergie in Wochen-Schritten. Der Energieanteil, der weniger als eine Woche zwischengespeichert wurde und nicht vollständig dargestellt ist, beträgt 24,2%.

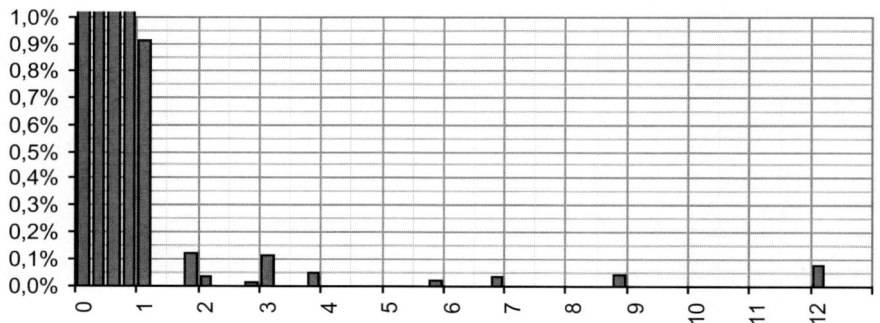

Abb. 4.12 c. Zeitliche Verschiebung von Solarenergie in Quartals-Schritten, Der Energieanteile, die weniger als ein Jahr zwischengespeichert wurden und nicht vollständig dargestellt sind, betragen: Quartal 1: 26,8%, Quartal 2: 9,45%, Quartal 3: 9,77%, Quartal 4: 4,61%, zusammen: 50,6%.

Die untersuchten Grundszenarien sind die Ausgangsbasis zur Suche nach weiteren Szenarien, mit denen das Gesamtsystem einer kontinental vernetzten europaweiten erneuerbaren Energieversorgung optimiert werden kann.

4.3 Kombinationen von Wind- und Solarenergie

Durch die Kombination von Anteilen installierter Windleistung und Solarleistung wird ein Optimierungsziel verfolgt. Um welches Ziel es dabei geht, sollte am Anfang der Überlegungen stehen. In der Regel wird ein Merkmal, das

- am kostenträchtigsten zu realisieren ist,
- im laufenden Betrieb die höchsten Kosten verursacht
- dessen Ressourcen am wenigsten verfügbar sind oder
- genehmigungsrechtlich oder
- aus Akzeptanzüberlegungen am schwierigsten erreichbar erscheint,

im Mittelpunkt der Minimierungsüberlegungen stehen. Der erste Gedanke fällt dabei ggf. auf die Kapazität der erforderlichen Speicher. Das ist ein wichtiger Aspekt, aber eben nur einer, den es abzuwägen gilt.

Wenn die Kapazität nicht die zentrale Herausforderung ist, sondern beispielsweise der Wirkungsgradverlust, wie das bei Wasserstoffspeichern der Fall wäre, dann ginge es darum, die Speicheroption möglichst wenig in Anspruch zu nehmen. Wenn, wie es bei Wind- und Solarstrom der Fall ist, die eine Art von Strom relativ kostengünstig produziert werden kann, die andere aber vergleichsweise teuer ist, dann wird sich das Kostenoptimum des Gesamtsystems sicher nicht dort einstellen, wo der kleinste Speicher benötigt wird. Wenn Windenergieanlagen wegen fehlender Zustimmung in entscheidungsrelevanten Bevölkerungsgruppen einer Region keine Akzeptanz finden sollten, dann würde die Optimierung zur Findung einer Lösung im Sinne einer regenerativen Stromversorgung wieder anders aussehen müssen.

Die Suche nach einer Kombination zu installierender Leistungsanteile aus Windenergie und Solarenergie, welche den geringsten Speicherbedarf erfordert, ist deshalb als rein technische Untersuchung anzusehen, die Erkenntnisse über die Grenzen liefert, die an dieser Stelle zu erwarten sind. Die Ergebnisse bilden einen Baustein für weiterführende Überlegungen zur Optimierung eines Gesamtsystems.

4.3.1 Strategie zur Auffindung eines niedrigen Speicherbedarfs

Die angewandte Vorgehensweise sucht zunächst das Optimum für jeden einzelnen Szenario-Baustein[20] ohne Berücksichtigung der kontinentalen Vernetzung. Dieser Ansatz ist naheliegend, da ein Land oder ein Versorgungsgebiet innerhalb eines Landes zunächst einmal bestrebt ist, den Eigenbedarf bestmöglich selbst zu produzieren. Anschließend wird die weitere Verbesserung untersucht, die sich durch die kontinentale Vernetzung ergäbe.

Die Lösungssuche geschieht mit einem datenbankgestützten Iterationsverfahren, ausgehend von den beiden Grenzkombinationen 100% Wind- mit 0% Solarenergie und 0% Wind- mit 100% Solarenergie. Das numerische Verfahren ermittelt für diese Kombinationen den Wert der zu minimierenden Größe[21] unter Berücksichtigung aller weiteren Parameter des Szenarios. Das sind der Speicherwirkungsgrad, die maximale Ladeleistung des Speichers und die Leistungsreserve mit der die durchschnittliche Erzeugungsleistung oberhalb des durchschnittlichen Verbrauchs versehen ist. Ausgehend von dem besseren (niedrigeren) Ergebnis der berechneten Werte, wird die Anteilskombination in der Mitte unterhalb und oberhalb dieses Ergebnisses so lange berechnet, bis eine Auflösung von einem Prozent erreicht ist. Nach maximal acht Iterationsschritten wird damit das Ergebnis gefunden.

Das Iterationsverfahren berechnet damit auch den Speicherbedarf weniger optimaler Ergebnisse. Aus denen geht hervor, dass die optimalen Anteilskombinationen Minima von Kurvenverläufen bilden, die in einem größeren Variationsbereich von Wind- und Solarenergieanteilen zu ähnlich guten Ergebnissen im Sinne einer Minimierung der Zielgröße Speicherbedarf führen. Eine Darstellung des Gesamtergebnisses für die 50 Szenario-Bausteine bietet die Abbildung 4.13. Gezeigt werden die Anteilsbereiche mit dem Minimum der Speicherleerung bis zu den Kombinationen, die maximal 20% zusätzlichen Speicherbedarf erfordern würden. Dargestellt sind die Kombinationen aus Windenergie mit 50% Benutzungsgrad und globalstrahlungsproportionaler Solarenergie für die 50 untersuchten Szenariogebiete von unten nach oben sortiert mit zunehmendem minimalem Speicherbedarf. Aus Platzgründen ist es in der Grafik nicht möglich, die zugehörigen Gebietsbezeichnungen übersichtlich anzutragen. Die Aufgabe dieser Darstellung ist es, einen Eindruck zu geben, in welche Bereiche der Speicherbedarf durch die Kombination von Wind- und Solarenergie minimiert werden kann. Der Darstel-

---

[20] Rastergebiet zur Windenergienutzung und zugeordnetes urbanes Zentrum zur Solarenergienutzung.
[21] Hier die Leerung des Speichers.

lung lässt sich entnehmen, dass für den Untersuchungszeitraum 1996 bis 2008 in allen Gebieten ein Speicher mit einer Kapazität zwischen 7,5 und 25 Tagesladungen ausreichen würde, um die Stromversorgung sicherzustellen, ohne dass ein Austausch elektrischer Leistung mit anderen Regionen erfolgen müsste.

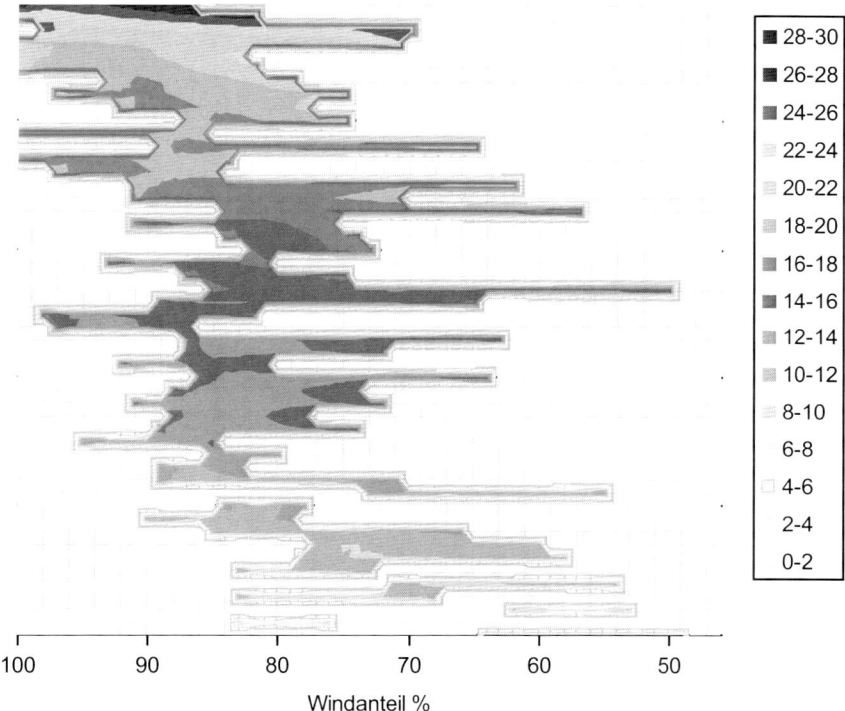

Abb. 4.13. Anteilskombinationen von Wind- und Solarenergie, bei denen die Speicherleerung dem Minimum entgegen strebt für Windenergieanlagen mit 50% Benutzungsgrad und globalstrahlungsproportional arbeitenden Solarenergieanlagen für 50 Erzeugungsregionen Europas, von unten nach oben aufgetragen mit zunehmenden Speicherbedarf in Tagesladungen. Siehe dazu auch Anhang E mit tabellarisch aufgeführten Details zu dieser Grafik.

Es zeigt sich, dass unter den Randbedingungen des angenommenen Szenarios in den meisten Regionen ein Kombination aus ca. 80% volatiler Stromerzeugung mit Windenergie und ca. 20% aus globalstrahlungsproportionaler Solarenergie zu einer Minimierung des Speicherbedarfs führen würde. Würde man diese optimierten regionalen Erzeugungsstrukturen kontinental vernetzen, dann führt das gegenüber den Grundszenarien zu einer drastischen Reduzierung des Speicherbedarfs (siehe Anhang E). Der Abbildung 4.14 kann entnommen werden, dass in dem Untersuchungszeitraum zwischen 1996 und 2008 verbrauchsanteilsgewichtet für Gesamteuropa eine Speicherkapazität von vier Tagesladungen ausgereicht hätte, um jederzeit bedarfsgerechten Strom liefern zu können.

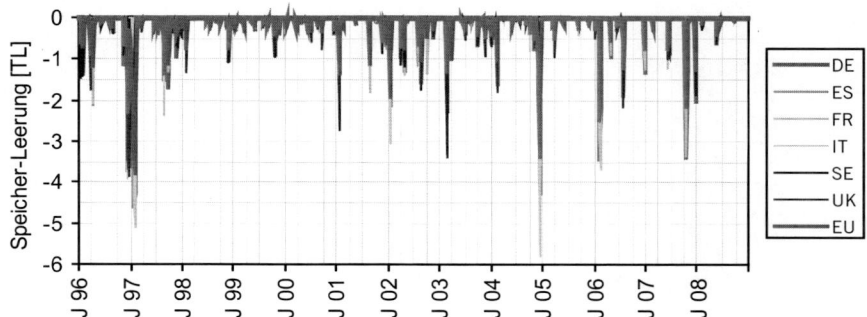

Abb. 4.14. Speicherleerung in Tagesladungen einer kontinental vernetzten und auf minimalen Speicherbedarf optimierten Kombination aus Windenergieanlagen mit 50% Benutzungsgrad und Solarenergieanlagen.

Die Leistungsinfrastruktur dieses Szenarios würde sich wie folgt zusammensetzen:

> 3,9 x als regenerative Stromerzeugungsanlagen, davon
> > 2,1 x in Form von Windenergieanlagen, mit 50% Benutzungsgrad
> > > mit ca. 80% Anteil an der regenerativen Erzeugung,
> > 1,8 x in Form von Solarenergieanlagen, mit einer zur Globalstrahlung proportionalen Leistungsabgabe
> > > mit ca. 20% Anteil an der regenerativen Erzeugung,
> 1,6 x in Form von Speicherkraftwerksleistung mit einer Kapazität von ca. 6 Tagesladungen,
> > zum Ausgleich von gut 6% des Bedarfs,
> 2,5 x in Form von Leitungskapazität für Stromexport und Import
> > zum länderübergreifenden Austausch von ca. 17% des Bedarfs.

4.3.2 Speichernutzung bei der Kombination von Wind- und Solarenergie

Die Verweildauer der in den Speicher verschobenen Energiebeträge zwischen Produktion und Verbrauch im verbrauchsanteilsgewichteten europäischen Mittel würde sich wie in den Abbildung 4.15 a bis c darstellen.

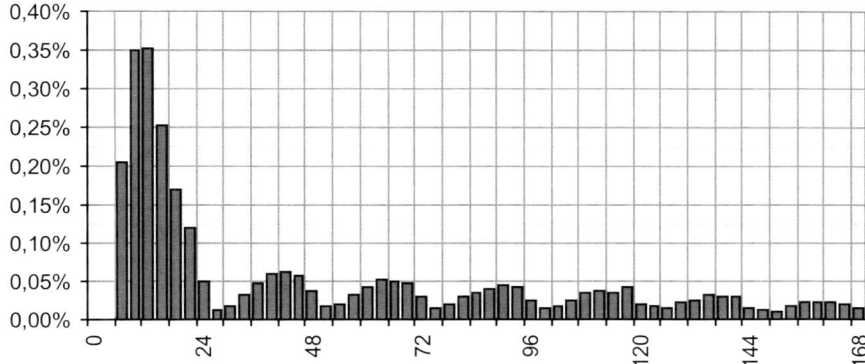

Abb. 4.15 a. Zeitliche Verschiebung volatil erzeugter Energie in drei Stunden Schritten für eine Kombination aus Windenergie mit 50% Benutzungsgrad und globalstrahlungsproportionaler Solarenergie. 100% = insgesamt verbrauchte Energie.

Aus Abb. 4.15 a lässt sich entnehmen, dass knapp 1,5% der im gesamten ETSO Verbund verbrauchten elektrischen Energie bis zu 24 Stunden zwischengespeichert würde, bevor sie verbraucht wird. Das kann sowohl Überproduktion sein, die z.B. im Winter bei wenig Sonnenschein aus der Nacht in den Tag verschoben wird, als auch umgekehrt im Sommer, wenn der Energiepuls, den die Tagessonne liefert, die Stromnachfrage übertrifft. Diese Tag-Nacht-Tag-Verschiebungen sind in abgeschwächter Form auch noch in den Folgetagen erkennbar. Die Aufsummierung der Drei-Stunden-Anteile ergäbe, dass knapp 3% des gesamten Elektroenergieumsatzes Europas bis zu eine Woche in den Speicher eingelagert worden wäre.

Abbildung 4.15 b zeigt die Energieumsätze, die bis zu ein Jahr lang zwischengespeichert worden wären. Die Energiebeträge mit längerer Einlagerungsdauer als einige Wochen, gehen bei der verbrauchsanteilsgewichteten gesamteuropäischen Betrachtung in Wochenschritten auf Kleinstbeträge zurück. Bis zu zwei Wochen wären 3,7% des Gesamtstromumsatzes verschoben worden, bis zu einem Monat 4,8%, bis zu einem Quartal 5,4% und bis zu einem Jahr knapp 6%.

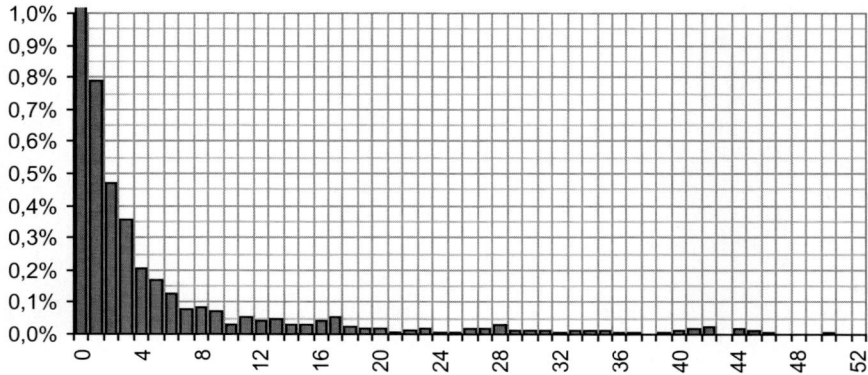

Abb. 4.15 b. Zeitliche Verschiebung volatil erzeugter Energie in Wochen-Schritten für eine Kombination aus Windenergie mit 50% Benutzungsgrad und globalstrahlungsproportionaler Solarenergie. Der nicht vollständig dargestellte Anteil der ersten Woche beträgt 2,92%.

Die mehrjährigen Einlagerungszeiten können der quartalsweisen Darstellung in Abbildung 4.15 c entnommen werden. Zu den 5,96% der Energieanteile, die bis zu einem Jahr verschoben werden, kämen im zweiten Jahr noch einmal 0,087% dazu. Die insgesamt während des 13-jährigen Untersuchungszeitraums über den Speicher zwischen Produktion und Verbrauch zeitlich verschobene Energie hätte 6,17% des Gesamtstromverbrauchs ausgemacht.

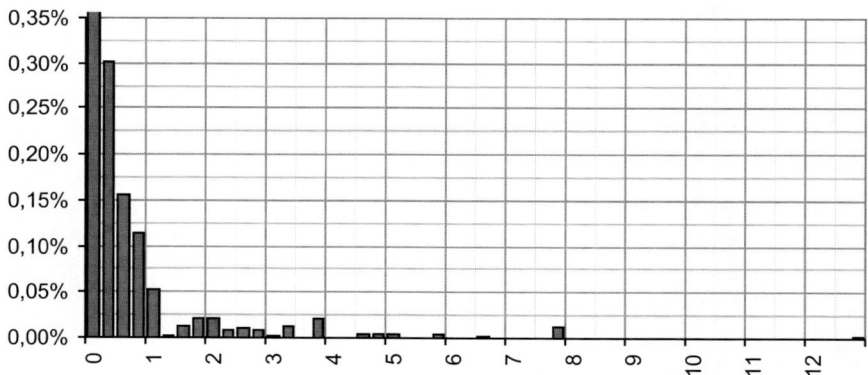

Abb. 4.15 c. Zeitliche Verschiebung volatil erzeugter Energie in Quartals-Schritten für eine Kombination aus Windenergie mit 50% Benutzungsgrad und globalstrahlungsproportionaler Solarenergie. Der nicht vollständig dargestellte Anteil des ersten Quartals beträgt 5,39%.

4.4 Erzeugungsreserve und Speicherbedarf

Weder die wetterabhängige volatil verfügbare Erzeugungsleistung noch die von Konjunktur, Wetter und kollektiven Verhaltensmustern abhängige Stromnachfrage sind, selbst in Jahresdurchschnittswerten, zuverlässig prognostizierbar. Deshalb sollten Reserven auf alle Fälle so einkalkuliert werden, damit Jahre erhöhten Verbrauchs und unterdurchschnittlicher Erzeugung sicher überbrückt werden können.

Dieses Unterkapitel untersucht, wie sich eine Änderung der Erzeugungsreserve auswirken würde. Je mehr die installierte, durchschnittlich verfügbare Erzeugungsleistung den Bedarf übersteigt, desto häufiger wird zur direkten Deckung der Nachfrage genügend volatile Leistung zur Verfügung stehen, desto früher und schneller werden leere Speicher wieder aufgefüllt sein und desto größer wird das Exportangebot für Strom. Da jede Veränderung eines Parameters in Wechselwirkung zu anderen Parametern steht, werden auch ergebnisrelevante andere Einflüsse in diese Untersuchung einbezogen.

Gravierenden Einfluss auf das Verhalten des Gesamtsystems haben neben der volatilen Erzeugung, die maximalen Ladeleistungen der Speicher und die installierten Fernübertragungsleistungen zum Export und Import von Energie. Je weniger Beschränkungen dabei bestehen sollen, desto höher wären die notwendigen Investitionen, um derartige Leistungen verfügbar zu machen. Investitionen wird man an den Stellen als Erstes erwägen, wo die Wirkungen im Sinne einer Kostenminimierung des Gesamtsystems am stärksten sind. Deshalb ist es wichtig, die Wirkung der „Stellschrauben" des Systems zu kennen.

4.4.1 Erzeugungsreserve bei Windenergie mit 50% Benutzungsgrad

Windenergie ist im Jahr 2010 in Deutschland die am kostengünstigsten gewinnbare Art von erneuerbarer Energie. Die Untersuchungen zur vorgehaltenen Erzeugungsreserve befassen sich in diesem Abschnitt mit einer Energieversorgung, deren volatile Erzeugung allein aus Windenergie stammen würde.

4.4.1.1 Speicherladeleistung begrenzt, Fernübertragung nach Bedarf

Die Variantenuntersuchung beginnt mit Szenarien, bei denen die Speicherladeleistung auf 160% des Durchschnittsbedarfs begrenzt ist und Fernübertragungsleistung zum kontinentalen Ausgleich von Leistungsüberschüssen und -Defiziten nach Bedarf zur Verfügung stehen würde. Die Ergebnisse der Simulationsläufe sind für Erzeugungsreserven von 10% bis 50% in Tabelle 4.6 zusammengefasst.

Tabelle 4.6. Vorzuhaltende Leistungsinfrastruktur in Abhängigkeit der Erzeugungsreserve bei Windenergie mit 50% Benutzungsgrad, Speichern mit auf 160% des Durchschnittsbedarfs begrenzter Ladeleistung, und nach Bedarf verfügbarer Fernübertragungsleistung.

Erzeugungsreserve	10%	20%	30%	40%	50%	
kontinental vernetzt						
Windenergie	2,24	2,45	2,65	2,85	3,06	-fach
Speicherladeleistung	1,53	1,60	1,60	1,60	1,60	-fach
Speicherkapazität	40,8	30,9	22,9	16,7	12,2	TL
Speicherentnahme	25,7%	18,3%	13,4%	9,8%	7,4%	
Fernübertragungsleistung	2,28	2,46	2,49	2,50	2,44	-fach
Export	6,65%	13,6%	17,4%	20,2%	21,6%	
Import zum Direktverbrauch	5,45%	11,4%	15,0%	17,4%	18,7%	
Import zur Speicherladung	0,87%	1,46%	1,57%	1,75%	1,77%	
bei gleichmäßiger Nutzung aller Speicher						
Speicherkapazität	34, 5	25,7	18,3	13,3	10,3	TL
ohne kontinentalen Ausgleich						
Speicherkapazität	66,8	39,1	30,7	25,8	22,2	TL

Tabelle 4.6 zeigt, dass bei Windenergieanlagen mit 50% Benutzungsgrad und einer geringen Erzeugungsreserve von 10% die mit 160% begrenzte Speicherladeleistung nicht einmal ausgeschöpft worden wäre, weil im 13-jährigen Untersuchungszeitraum in den meisten Ländern Europas keine Situation aufgetreten wäre, bei der der Verbrauch so niedrig und die Erzeugung gleichzeitig so hoch gewesen wäre, dass die Ladeleistung ausgeschöpft worden wäre. Das ändert sich, sobald die Erzeugungsreserve erhöht wird, weil damit zunehmend Situationen vorkommen, wo die Erzeugung um mehr als das 1,6-fache den durchschnittlichen Verbrauch übersteigen würde. Bei geleerten Speichern würden diese dann mit der vollen verfügbaren Leistung aufgeladen. Was darüber hinaus ginge, könnte bei vorhandener Nachfrage noch exportiert werden. Da die Prioritätenregelung bei zu geringer Eigenproduktion zunächst die verfügbaren Importe verwendet, bevor der

eigene Speicher entleert wird, verlagert sich der Ausgleich von der Verwendung des Speichers zunehmend zur Nutzung des Exports. Die erforderliche Speicherkapazität reduziert sich bei kontinentaler Vernetzung mit einer Erhöhung der Erzeugungsreserve um 10% um jeweils gut 25%. Sie würde von ca. 41 Tagesladungen bei 10% Reserveleistung auf ca. 12 Tagesladungen bei 50% Reserveleistung zurückgehen.

Die Einsparung bereitzustellender Speicherkapazität durch die kontinentale Vernetzung kann in Tabelle 4.6 durch Vergleich der Zeilen mit und ohne kontinentalen Ausgleich entnommen werden. Sie würde ab 20% Erzeugungsreserve etwa 10 Tagesladungen weniger an Speicherkapazität erfordern. Ohne Vernetzung würden 10% Erzeugungsreserve wahrscheinlich auf Dauer nicht ausreichen, um eine jederzeit sichere Stromversorgung gewährleisten zu können. Es könnten in einzelnen Ländern mehrere windschwache Jahre nacheinander auftreten und auch einen großen Speicher unkalkulierbar entleeren.

Würden die Speicher nicht entsprechend der angenommenen Prioritätenregelung bewirtschaftet, sondern europaweit darauf geachtet, dass der Füllstand überall immer gleich gehalten wird, dann würde sich der Kapazitätsbedarf weiter reduzieren und die Werte der Zeile „bei gleichmäßiger Nutzung aller Speicher" annehmen. Da unterstellt wird, dass jedes Land zunächst versuchen wird, die eigenen Speicher zu füllen, bevor Erzeugungsüberschüsse exportiert werden, treten die Maxima der Speicherleerung in den einzelnen Ländern zu unterschiedlichen Zeiten auf. Das führt dazu, dass insgesamt höhere Kapazitäten vorgehalten werden müssten. Sollte bei dieser Vorgehensweise in einem Land ein Speicher trotzdem leer werden, dann bestünde damit die Möglichkeit, dass dieses Land dann noch aus den Speichern anderer Länder versorgt wird. Bei einer europaweit gleichmäßigen Leerung gingen in dieser Situation dann die Lichter aus.

4.4.1.2 Speicherladeleistung nach Bedarf, Fernübertragungleistung begrenzt

Im vorhergehenden Abschnitt wurden Szenarien mit begrenzter Speicherladeleistung untersucht und dabei festgestellt, welche Leistungen sich auf den Fernübertragungsleitungen zum kontinentalen Austausch ergäben. Die Szenarien in diesem Abschnitt begrenzen die verfügbare Fernübertragungsleistung und stellen fest, welche maximale Speicherladeleistung sich ergäbe.

Auf die Untersuchung des sehr grenzwertigen Szenarios mit 10% Erzeugungsreserve wird dabei zugunsten einer Untersuchung mit 15% Erzeugungsreserve verzichtet. Ebenso wird auf die Szenarien mit 20% und 40% Erzeugungsreserve verzichtet, weil die Art des Übergangs von einem 10%-Schritt zum nächsten aus dem vorausgegangenen Abschnitt gefolgert werden kann.

Bei der Festsetzung einer maximalen Fernübertragungsleistung gibt es keine Kriterien wie bei der Speicherladeleistung, die sich durch die bei Pumpspeicherkraftwerken angewandten Bauprinzipien aus der erforderlichen Turbinenleistung ableiten ließen. Wenn ein Land über volatile Erzeugungsleistung verfügen würde, die im Durchschnitt höher ist, als der durchschnittliche Verbrauch und zusätzlich über Speicher, aus denen jederzeit der volle Verbrauch gedeckt werden kann, dann ist es unwahrscheinlich, dass zusätzlich ein Vielfaches dieser Leistungen in Fernübertragungsleitungen investiert würde, um den eigenen Speicher möglichst klein halten zu können. Gleichzeitig ergeben alle Untersuchungen der vorhergehenden Kapitel und Abschnitte, dass kontinentale Vernetzung immer nur zu einer Verminderung des Ausgleichsbedarfs beitragen kann. Die Vernetzung ermöglicht es aber nicht, auf Speicher oder jederzeit bedarfsgerecht abrufbare Erzeugungssysteme zu verzichten.

Die im Jahr 2010 real verfügbaren Übertragungskapazitäten zwischen den europäischen Ländern sind um Größenordnungen von den Fernübertragungsleistungen entfernt, die in den bisherigen Betrachtungen als verfügbar unterstellt wurden. Der ETSO-Verbund publiziert auf seiner Internetplattform halbjährlich die von den Teilnehmerländern mitgeteilten Übertragungskapazitäten (indicative values for Net Transfer Capacities (NTC) in Europe) zu den Nachbarstaaten [ETSO1].

Diesen Dokumenten kann entnommen werden, dass Deutschland im Zentrum des Verbunds mit Leitungsverbindungen zu zehn Nachbarländern insgesamt über eine Übertragungskapazität von ca. 20 Gigawatt verfügt. Das ist weniger als ein Drittel der durchschnittlich in Deutschland verbrauchten Leistung.

Die folgenden Szenarien werden mit der Annahme untersucht, dass 50% der durchschnittlich verbrauchten Leistung eines jeden Landes per Fernübertragungsleitungen importiert und exportiert werden könnte. Die Ergebnisse dieser Simulationsläufe sind in Tabelle 4.7 zusammengefasst. Die speicherbedarfsreduzierende Wirkung der Erzeugungsreserve ist auch bei diesen Szenario-Annahmen deutlich zu erkennen. Erwartungsgemäß verlagern sich die bei diesen Bedingungen stattfindenden Energieumsätze zum Ausgleich von volatiler Erzeugung und Nachfrage auf die Speicher.

Tabelle 4.7. Vorzuhaltende Leistungsinfrastruktur bei Windenergie mit 50% Benutzungsgrad, Speichern mit 80% Wirkungsgrad, nach Bedarf verfügbarer Ladeleistung, und einer verfügbaren Fernübertragungsleistung von 50% des Durchschnittsbedarfs in Abhängigkeit der Erzeugungsreserve.

Erzeugungsreserve	15%	30%	50%	
kontinental vernetzt				
Windenergie	2,34	2,65	3,06	fach
Speicherladeleistung	1,60	1,84	2,20	fach
Speicherkapazität	37,4	26,5	16,5	TL
Speicherentnahme	26,3%	21,3%	17,1%	
Fernübertragungsleistung	0,50	0,50	0,50	fach
Export	5,30%	9,07%	11,62%	
Import zum Direktverbrauch	4,09%	7,02%	9,03%	
Import zur Speicherladung	0,95%	1,60%	2,00%	
bei gleichmäßiger Nutzung aller Speicher				
Speicherkapazität	31,5	20,6	12,7	TL
ohne kontinentalen Ausgleich				
Speicherkapazität	47,5	30,6	21,4	TL

4.4.1.3 Speicherladeleistung und Fernübertragungsleistung begrenzt

Wenn es darum ginge, ein reales System zu planen, dann würden sowohl bei der Kapazität der Speicher, bei der Möglichkeit Erzeugungsreserven aufzubauen, bei der Ladeleistung der Speicher als auch bei der Fernübertragungsleistung, Randbedingungen dafür sorgen, dass die Freiheitsgrade, der hier mittels Szenarien durchgeführten Untersuchungen weiter eingeschränkt werden. Szenarien ermöglichen es, die Auswirkung der Änderung bestimmter Parameter zu erforschen. Sie liefern damit Hinweise und Inspiration, wie ein System ausgelegt werden kann und wo sich Grenzen auftun würden. Ein letztes Szenario soll die Untersuchung einer kontinentalen Elektrizitätsversorgung, deren Energiegewinnung allein auf Windenergie setzen würde, abschließen. Die Speicherladeleistung ist dabei auf 160% des Durchschnittsbedarfs begrenzt und die Fernübertragungsleistung auf 100%.

Tabelle 4.8 stellt die drei unterschiedlichen Szenario-Ansätze mit 30% Erzeugungsreserveleistung gegenüber. Die mittlere Spalte betrifft das Szenario dieses Unterabschnitts mit Begrenzung sowohl der Speicherladeleistung als auch der

Fernübertragungsleistung. Die erste Spalte zeigt die Anforderungen an die Infrastruktur bei 160% Speicherladeleistung und nach Bedarf verfügbarer Fernübertragungsleistung. Die dritte Spalte behandelt den umgedrehten Fall mit begrenzter Fernübertragungsleistung auf 50% des Durchschnittsbedarfs und einer Speicherladeleistung, die sich am größten aufgetretenen Bedarf orientiert.

Tabelle 4.8. Vorzuhaltende Leistungsinfrastruktur für Windenergie mit 50% Benutzungsgrad bei Variation der Fernübertragungsleistung,.

Erzeugungsreserve	30%	30%	30%	
kontinental vernetzt				
Windenergie	2,65	2,65	2,65	-fach
Speicherladeleistung	**1,6**	**1,6**	**1,84**	-fach
Speicherkapazität	22,9	24,0	26,5	TL
Speicherentnahme	13,4%	15,6%	21,3%	
Fernübertragungsleistung	**2,49**	**1,0**	**0,5**	-fach
Export	17,4%	15,0%	9,1%	
Import zum Direktverbrauch	15%	12,8%	7,02%	
Import zur Speicherladung	1,46%	1,51%	1,60%	
bei gleichmäßiger Nutzung aller Speicher				
Speicherkapazität	18,3	18, 9	20,6	TL
ohne kontinentalen Ausgleich				
Speicherkapazität	30,7	30,7	30, 6	TL

Die Ergebnisse beim Vergleich der Spalten zwei und eins zeigen, dass eine Erhöhung der installierten Fernübertragungsleistung von der Möglichkeit 100% des durchschnittlichen Strombedarfs eines Landes mit den Nachbarländern auszutauschen, auf das Zweieinhalbfache (Faktor 2,49), kaum Veränderungen an der Gesamtsituation bewirken würde. Dagegen führt eine Beschränkung der Exportmöglichkeiten auf 50% des durchschnittlichen Strombedarfs eines Landes zu erkennbaren Veränderungen beim Speicherkapazitätsbedarf und der Qualität des Ausgleichs dahingehend, dass der Ausgleich wesentlich stärker über die eigenen Speicher abgewickelt würde. Der Unterschied zu erneuerbaren Energieversorgungen, die ohne kontinentalen Ausgleich funktionieren würden, würde damit erheblich schrumpfen. Ein Vergleich des Speicherbedarfs zeigt: Ohne Vernetzung hätte die größte gesamteuropäisch, verbrauchsanteilsgewichtete Leerung 30,6 Tage betragen, mit Vernetzung 26,5 Tage. Nur wenn alle europäischen Speicher nicht nach der Prioritätenregel bewirtschaftet, sondern synchron betrieben würden, dann wäre die tiefste Entleerung auf 20,6 Tage zurück gegangen.

4.4.2 Erzeugungsreserve bei Kombination von Wind- und Solarenergie

Eine Kombination von Windenergie mit Solarenergie führt bei geeigneter Wahl der Anteile zu einer signifikanten Verringerung des Speicherbedarfs. Die Auswirkung einer veränderten Erzeugungsreserve auf derart kombinierte Erzeugungsstrukturen wird nun untersucht. Die simulierten Szenarien beziehen sich auf Windenergie mit 50% Benutzungsgrad, eine auf 160% des Durchschnittsbedarfs begrenzte maximale Speicherladeleistung und eine auf 100% des Durchschnittsbedarfs begrenzte maximale Fernübertragungsleistung. Die Simulationsläufe umfassen den Zeitraum von 1996 bis 2008.

Tabelle 4.9. Vorzuhaltende Leistungsinfrastruktur in Abhängigkeit von der Erzeugungsreserve bei einer Kombination aus Windenergie mit 50% Benutzungsgrad und Solarenergie

Erzeugungsreserve	15%	30%	50%	80%	
kontinental vernetzt					
Erzeugungsleistung gesamt	3,45	3,90	4,50	5,40	fach
Windenergie	1,87	2,11	2,43	2,92	fach
Solarenergie für sich	1,58	1,79	2,07	2,48	fach
Speicherladeleistung	1,58	1,59	1,57	1,54	fach
Speicherkapazität	12,7	5,91	3,03	1,84	TL
Speicherentnahme	12,0%	6,9%	4,1%	2,3%	
Fernübertragungsleistung	1,00	1,00	1,00	1,00	1,00
Export	14,2%	17,1%	17,0%	15,4%	
Import zum Direktverbrauch	11,1%	14,0%	14,3%	13,5%	
Import zur Speicherladung	2,34%	2,25%	1,77%	1,19%	
bei gleichmäßiger Nutzung aller Speicher					
Speicherkapazität	10,8	4,35	2,03	1,42	TL
ohne kontinentalen Ausgleich					
Speicherkapazität	20,7	13,9	9,93	7,36	TL

Tabelle 4.9 fasst die Ergebnisse der Simulationsläufe zusammen. Die vorzuhaltende Speicherkapazität ließe sich mit einer hohen Erzeugungsreserve auf wenige Tagesladungen, der Energieumsatz in den Speichern auf wenige Prozent des Gesamtumsatzes reduzieren. Der Preis dafür wäre allerdings der Aufbau einer sehr hohen Erzeugungsleistung mit einem erheblichen, nicht nutzbaren Energieangebot, das weit über den Bedarf und eine beruhigende Reserve hinausginge.

4.5 Einfluss von Speicherwirkungsgrad und Prioritätsregeln

Die Bedeutung des Speicherwirkungsgrads steigt mit dem Anteil der insgesamt umgesetzten Energie, die einer Zwischenspeicherung bedarf. Alle untersuchten Szenarien nehmen den Speicher umso stärker in Anspruch, je weniger Reserveleistung vorgesehen wird.

Die Annahme einer Speicherladeleistung ist bei anderen Speichertechnologien als Pumpspeicherkraftwerken weniger von bauartbedingten Merkmalen geprägt, weil die Lade- und Entlade-Einrichtungen, wenn man z.B. an die Speicherung von Wasserstoff oder Wärme denkt, eigenständige Einheiten sind, die unabhängig voneinander dimensioniert werden können. Wenn eine hohe Speicherladeleistung kostengünstig bereitgestellt werden könnte und gleichzeitig die Speicherkapazitätskosten niedrig gehalten werden könnten, dann würde das Freiheitsgrade für die Auslegung des Gesamtsystems eröffnen, die auch bei niedrigeren Speicherwirkungsgraden attraktiv sein könnten.

Wenn das Speichermedium zusätzlich anderen Anwendungen zugeführt werden kann, wäre das ein weiterer Aspekt, schlechte Wirkungsgrade in Kauf zu nehmen. Wasserstoff würde sich beispielsweise auch als Kraftstoff für Verkehrsmittel eignen, die wegen der geringeren Energiedichte von im Jahr 2010 verfügbaren Batterien nicht elektrisch betrieben werden können.

Durch einen weiteren Umwandlungsprozess von Wasserstoff in Methan könnte das Speichermedium ins Erdgasnetz eingespeist werden. Damit wäre es möglich, die gesamte vorhandene Erdgasinfrastruktur zu nutzen. Die vorhandenen Speicherkapazitäten für Erdgas und der vorhandene Gaskraftwerkspark stünden sofort zur Verfügung und bräuchten nicht erst neu errichtet zu werden. Derartige Überlegungen könnten zum Aufbau einer höheren volatilen Erzeugungsleistung führen, mit der die Verluste bei der Energiespeicherung ausgeglichen werden können.

Obwohl die VDE-Studie [VDE1] im Jahr 2008 auch mittelfristig keine derartigen Perspektiven ausmacht, sollen einige Szenarien die Situation mit schlechteren Wirkungsgraden beleuchten. Diese werden zunächst, in Anlehnung an die vorausgegangenen Unterkapitel, auf der Grundlage eines Verbundsystems mit Speicherpriorität untersucht, anschließend wird im Vergleich dazu die Exportpriorität analysiert.

4.5.1 Windenergie bei niedrigem Speicherwirkungsgrad

4.5.1.1 Verbundnetz mit Windenergie bei Speicherpriorität

Die Begrenzung der Speicherladeleistung wird für diese Szenarien aufgehoben, weil angenommen wird, dass bei Speichern mit niedrigem Wirkungsgrad keine bauartbedingten Merkmale vorliegen, die diese Einschränkung begründen könnten. Als Speicherwirkungsgrad wird 40% angesetzt. Die maximal verfügbare Fernübertragungsleistung wird auf 100% des Durchschnittsverbrauchs festgesetzt.

30% Erzeugungsreserve

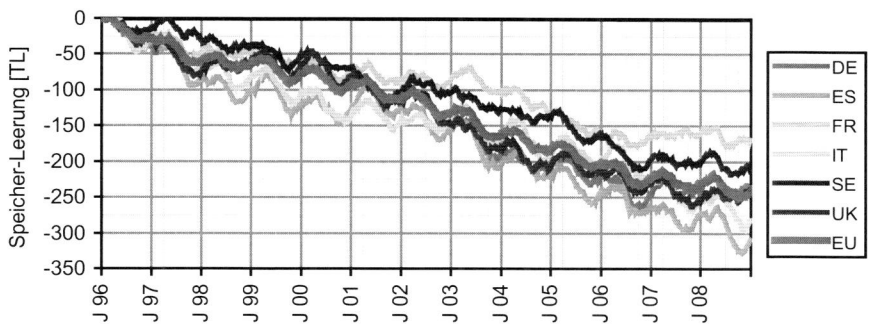

Abb. 4.16. Speicherleerung in Tagesladungen einer kontinental vernetzten Stromerzeugung aus Windenergieanlagen mit 50% Benutzungsgrad mit Speichern von 40% Wirkungsgrad bei einer Speicherladeleistung nach Bedarf und 100% Fernübertragungsleistung bezogen auf den Durchschnittsbedarf.

Mit 30% Erzeugungsreserveleistung über dem Durchschnittsbedarf (das wurde als Standard-Reserve bei den Szenarien mit 80% Speicherwirkungsgrad angesetzt) und der angewandten Speicherprioritätsregelung zeigt sich, dass eine Stromversorgung nicht funktionieren würde (siehe Abb. 4.16).

Die Speicherverluste wären höher, als die Überschüsse, die durch die 30% Erzeugungsreserve ausgeglichen werden könnten. Das zeigt auch die Energieumsatzklassierung in aufsummierter Form in Abbildung 4.17.

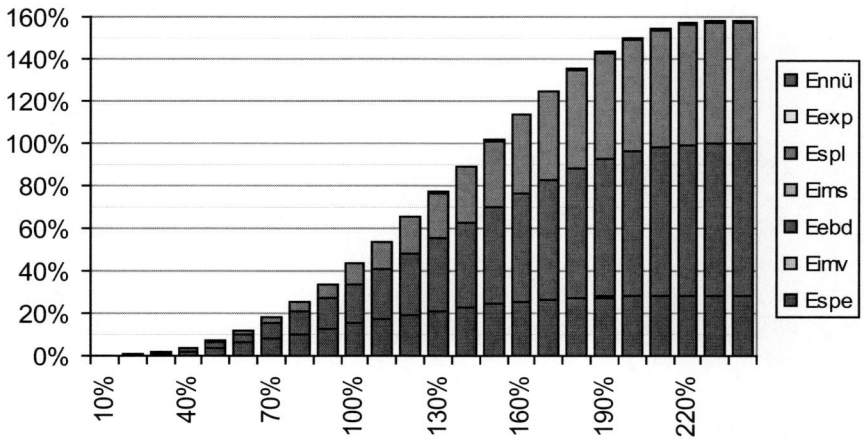

Abb. 4.17. Aufsummierte Energieumsatzklassierung als Funktion der verbrauchsanteilsgewichtet in Gesamteuropa auftretenden Leistungen, einer Stromerzeugung mit Windenergieanlagen mit 50% Benutzungsgrad und Speichern mit 40% Wirkungsgrad. 100% = insgesamt verbrauchte Energie.

Obwohl praktisch keine nicht nutzbare Überproduktion angefallen wäre und alles, was nicht direkt verbraucht wurde zur Aufladung der Speicher eingesetzt worden wäre, hätte der damit eingetretene Wirkungsgradverlust dafür gesorgt, dass nach 13 Jahren gesamteuropäisch 250 Tagesladungen den Speichern entnommen und nicht wieder aufgefüllt worden wären. Zu einer Fernübertragung zum Ausgleich von Überschüssen und Defiziten mit Nachbarregionen wäre es bei Speicherpriorität überhaupt nicht gekommen. Neben der volatilen Erzeugung und den Speicherkraftwerken müssten damit folglich noch eine dritte Art von Ausgleichskraftwerken in steter Einsatzbereitschaft gehalten werden. Das bedeutet, dass bei Überlegungen zum Ausgleich einer volatilen Stromerzeugung mit Speichertechnologien niedrigen Wirkungsgrads, von vornherein die Notwendigkeit einer höheren Erzeugungsleistung zu beachten ist.

4.5 Einfluss von Speicherwirkungsgrad und Prioritätsregeln   121

50% Erzeugungsreserve

Im folgenden Szenario ist deshalb die Erzeugungsreserve mit 50% des Durchschnittsbedarfs angesetzt.

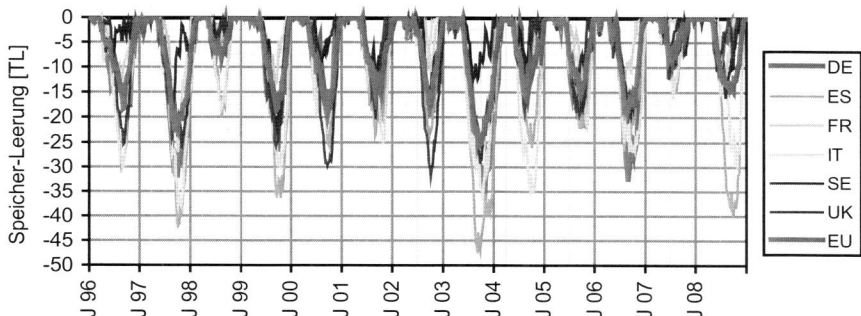

Abb. 4.18. Speicherleerung in Tagesladungen einer kontinental vernetzten Stromerzeugung aus Windenergieanlagen mit 50% Benutzungsgrad mit Speichern von 40% Wirkungsgrad.

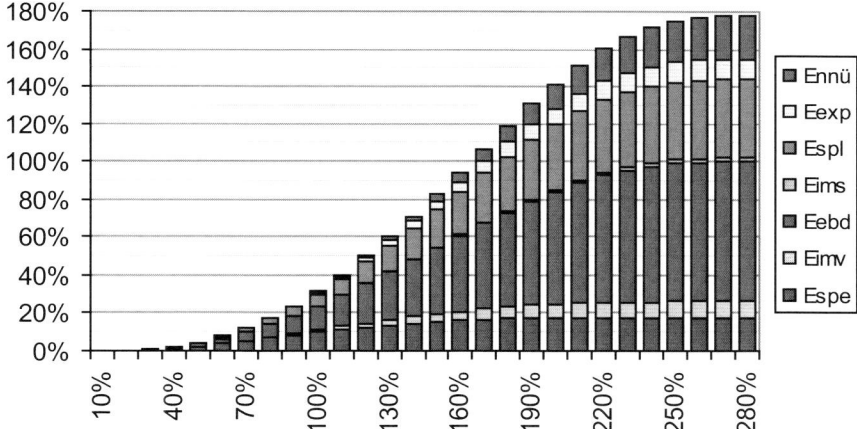

Abb. 4.19. Aufsummierte Energieumsatzklassierung einer Stromerzeugung mit Windenergieanlagen mit 50% Benutzungsgrad. Speichern mit 40% Wirkungsgrad und einer Erzeugungsreserve von 50% über dem Durchschnittsbedarf. 100% = insgesamt verbrauchte Energie.

Die Speicherleerungskurve in Abbildung 4.18 und die aufsummierte Energieumsatzklassierung in Abbildung 4.19 zeigen, dass 50% Erzeugungsreserve ausgereicht hätten, um unter den Annahmen des Szenarios eine sichere, bedarfsgerechte Versorgung zu gewährleisten. Der Speicherwirkungsgrad von 40% erfordert, dass in den Speicher 2,5 Mal so viel Energie hineingesteckt werden muss, als hinterher wieder herausgenommen werden kann. Die Höhe der zugehörigen Balken in der Energieumsatzklassierung machen das anschaulich deutlich.

Die Energieanteile, welche einen Ausgleich über die kontinentale Vernetzung bewirken fallen bei dem untersuchten Szenario mit Speicherpriorität im Vergleich zu den Speicherumsätzen relativ gering aus. Es fällt in Abbildung 4.19 allerdings auf, dass der Unterschied zwischen exportierter und importierter Energie wesentlich geringer ist, als der zwischen Aufladung und Entladung des Speichers. Der Grund liegt im deutlich besseren Wirkungsgrad der Fernübertragung im Vergleich zur angenommenen Speicherung.

Dieser Befund legt es nahe, das Systemverhalten bei Exportpriorität[22] zu untersuchen.

4.5.1.2 Verbundnetz mit Windenergie bei Exportpriorität

Die gemeinsamen Eckdaten der untersuchten Szenarien mit Exportpriorität sind in Tabelle 4.10 angegeben. Damit diese Priorität auch ihre Wirkung entfalten kann, wurde die maximale Fernübertragungsleistung auf 160% angehoben.

Tabelle 4.10. Eckdaten des Szenarios mit Exportpriorität.

räumliche Ausdehnung		
	Europa	ETSO
zeitliche Ausdehnung		
	von	Jan 96
	bis	Dez 08
Strombedarf		100%
	bedarfsangepasste Last	
	landesbezogen	anteilig
Stromerzeugung, installierte Leistung		variabel
	Windenergieanteil	100%
	Benutzungsgrad	50%

---

[22] Siehe dazu Abschnitt 2.8.2.

4.5 Einfluss von Speicherwirkungsgrad und Prioritätsregeln

Tabelle 4.10. Fortsetzung

Speicher		
	Wirkungsgrad	40%
	maximale Ladeleistung	nach Bedarf
	Kapazität	nach Bedarf
Fernübertragung		
	Wirkungsgrad	95%
	maximale Fernübertragungsleistung	160%
Prioritätenregelung bei der Stromverwendung		
1.	Eigenbedarf	
2.	Export zum direkten Verbrauch	
3.	Füllen der eigenen Speicher	
4.	Export zum Füllen fremder Speicher	
5.	nicht nutzbare Überproduktion	
Prioritätenregelung beim Stromimport		
1.	direkter Verbrauch	
2.	Aufladen der Speicher	

30% Erzeugungsreserve

Mit der Exportprioritätsregelung zeigt sich, dass eine Stromversorgung mit 30% Erzeugungsreserve auch bei einem niedrigen Speicherwirkungsgrad funktionieren würde (siehe Abb. 4.20).

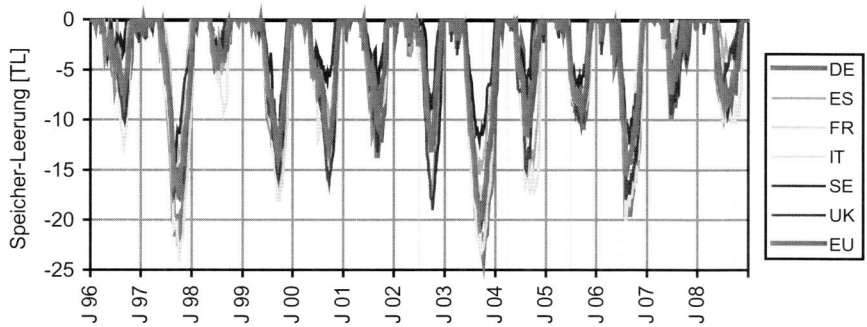

Abb. 4.20. Speicherleerung in Tagesladungen einer nach Exportprioritätsregeln kontinental vernetzten Stromerzeugung aus Windenergieanlagen mit 50% Benutzungsgrad mit Speichern von 40% Wirkungsgrad.

Die Speicherleerungskurven zeigen, dass die Verluste deutlich geringer ausfallen. Das führt dazu, dass mit der Exportpriorität eine Erzeugungsreserve von 30% für eine zuverlässige Stromversorgung bei 40% Speicherwirkungsgrad ausreichen würde.

Der Speicherbedarf fällt selbst im Vergleich zum Grundszenario (siehe Abbildung 4.6 b) im Unterkapitel 4.2 nicht gravierend höher aus, wo bei Speicherpriorität, 80% Speicherwirkungsgrad und ohne Begrenzung der Fernübertragungsleistung ein Szenario mit Eckdaten zugrunde liegt, das sich nur noch im Untersuchungszeitraum unterscheidet. Dort erreicht der verbrauchsanteilsgewichtete gesamteuropäische Speicherbedarf fast die gleiche Größenordnung, wie sie sich unter den hier vorliegenden Randbedingungen eingestellt hätte. Selbst gegenüber einer Bewirtschaftung des Gesamtsystems mit Speicherpriorität bei 50% Erzeugungsreserve (siehe Abb. 4.18) erfordert die Exportpriorität mit 30% Erzeugungsreserve weniger Speicherkapazität und führt zu gleichmäßigeren Jahresverläufen der Speicherleerung in den Ländern und in der verbrauchsanteilsgewichteten europaweiten Gesamtbetrachtung.

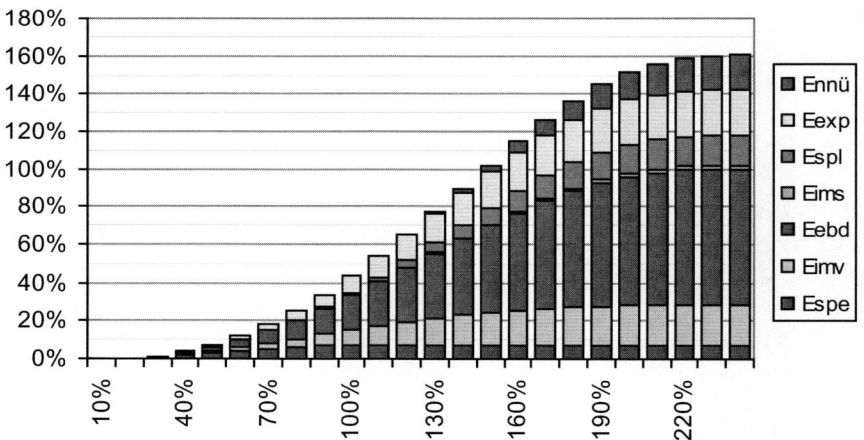

Abb. 4.21. Aufsummierte Energieumsatzklassierung als Funktion der verbrauchsanteilsgewichtet in Gesamteuropa auftretenden Leistungen, einer mit Exportpriorität organisierten Stromerzeugung mit Windenergieanlagen mit 50% Benutzungsgrad und Speichern mit 40% Wirkungsgrad. 100% = insgesamt verbrauchte Energie.

Die aufsummierte Energieumsatzklassierung in Abb. 4.21 zeigt gegenüber Abb. 4.17, dass die Exportpriorität zu einer erheblichen Veränderung des Ausgleichs zwischen volatiler Erzeugung und Verbrauch führt. Den dominierenden Anteil übernimmt der kontinentale Austausch, der ca. 21% zur Bedarfsdeckung beitragen würde, während aus den Speichern nur noch ein kleiner Teil von ca. 7% der Versorgung käme. Die nicht nutzbare Überproduktion dieses Szenarios zeigt, dass auch noch genügend Reserven zur Verfügung stünden, um Jahre mit erhöhter Nachfrage oder niedrigerer volatiler Erzeugung überbrücken zu können.

Die Umsetzung einer Exportpriorität erfordert allerdings, wie schon im Abschnitt 2.8.2 angedeutet, die Einhaltung von Regeln, die eventuelle nationale Bestrebungen, an erster Stelle möglichst immer über gut gefüllte Speicher zu verfügen, nicht zuließen. Gelänge es, diese Art der Bewirtschaftung des Gesamtsystems umzusetzen, dann reduziert sich damit für alle Beteiligten der Bedarf an zu installierender volatiler Erzeugungsleistung und zur Bereitstellung von Speicherkapazität.

4.5.2 Volatile Kombination und Speicherwirkungsgrad

Beim Einsatz von Speichern mit niedrigem Wirkungsgrad ist davon auszugehen, dass nicht die Bereitstellung der Kapazität die große Herausforderung darstellt, sondern die Verluste, die durch den schlechten Wirkungsgrad hervorgerufen werden. Deshalb kommt es bei der Suche nach einer optimalen Kombination der Erzeugungsanteile zwischen Wind- und Solarenergie nicht darauf an, den Kapazitätsbedarf der Speicher zu minimieren, sondern vielmehr, die Inanspruchnahme der Speicher durch die Summe der Entnahmen.

Analog, wie im Abschnitt 4.3 beschrieben, ist dazu eine Anteilsoptimierung durchzuführen, die zum angenommenen Speicherwirkungsgrad die Anteile von Wind- und Solarenergie ermittelt, die zu einer Minimierung der Speicherentnahmen führen. Die Ergebnisse dieser Optimierung sehen etwas anders aus, als diejenigen zur Minimierung der Speicherkapazität. Sie sind in Abbildung 4.22 dargestellt.

Die Kombinationen aus Wind- und Solarenergieanteilen, die zu einer Minimierung der Speicherentnahmen zu Speichen mit 40% Wirkungsgrad führen, unterscheiden sich von Untersuchungsregion zu Untersuchungsregion deutlich weniger, als dies bei der Minimierung der größten Speicherleerung im Unterkapitel 4.3 in Abbildungen 4.13 festgestellt werden konnte. Der Grund für die stärkeren Unterschiede im Unterkapitel 4.3 dürfte sein, dass die maximal auftretende Speicherleerung, welche die bereitzustellende Speicherkapazität bestimmt, je nach Region in bestimmten, bezüglich dieses Aspekts kritischen Monaten auftritt. Je nachdem, ob diese kritischen Monate im Winter, im Sommer oder in der Übergangszeit liegen, ist der Hebel mit der Anteilskombination aus Wind- und Solarenergie anders anzusetzen, um den Speicherkapazitätsbedarf zu minimieren.

Anders sieht es hier aus, wenn die zu schaffende Speicherkapazität eine sekundäre Rolle spielt und der Speicherdurchsatz minimiert werden soll. Dann kommt es auf die Summe der Entnahmen über den gesamten Zeitraum an. Das führt dazu, dass nicht mehr allein die kritischen Monate einer Region entscheidend sind. Das hat zur Folge, dass sich die Unterschiede zwischen den Regionen verringern, wie das in Abbildung 4.22 gut zu sehen ist. Ein Erzeugungsmix mit ca. 70% Windanteil und ca. 30% Solaranteil würde bei 40% Speicherwirkungsgrad und keiner Beschränkung der Speicherladeleistung in Verbindung mit einer Erzeugungsreserveleistung von 30% die Energie minimieren, die ohne kontinentale Vernetzung den Speichern entnommen werden müsste. Die Abbildung zeigt, dass dabei je nach Region jährlich Energie zwischen 60 und 85 Tagesladungen aus den Speichern zu entnehmen wären.

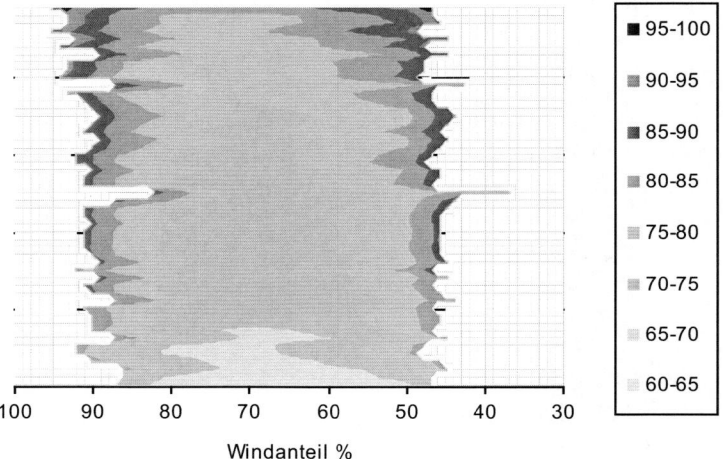

Abb. 4.22. Anteilskombinationen von Wind- und Solarenergie, bei denen die jährlich aus den Speichern entnommene Energie dem Minimum entgegen strebt für Windenergieanlagen mit 50% Benutzungsgrad und globalstrahlungsproportional arbeitenden Solarenergieanlagen in Tagesladungen pro Jahr. Siehe dazu auch Tabelle E.2 im Anhang.

Ein Mittelwert von ca. 75 Tagesladungen entspräche einem Anteil von 75 / 365 oder ca. 20% des jährlichen Energiebedarfs, der über den Speicher abzuwickeln wäre. Bei 40% Wirkungsgrad würde das bedeuten, dass die 2,5-fache Energie zur Speicheraufladung notwendig ist, damit diese Entnahmen dauerhaft stattfinden könnten. Daraus erkennt man, dass eine Erzeugungsreserve von 30% nicht ausreichen würde, eine Energieversorgung ohne kontinentale Vernetzung bei diesem Speicherwirkungsgrad darzustellen. Die Erzeugungsreserve müsste dazu in den Bereich von 50% angehoben werden.

4.5.3 Leistungsinfrastruktur bei Speichern niedrigen Wirkungsgrads

Die Szenarien einer Stromversorgung allein mit Windenergie und Speichern niedrigen Wirkungsgrades zeigen, dass eine kontinentale Vernetzung erheblich zum Ausgleich zwischen volatiler Erzeugung und Nachfrage beitragen kann.

Tabelle 4.11. Vorzuhaltende Leistungsinfrastruktur bei Speichern mit niedrigem Wirkungsgrad von 40% in Abhängigkeit von Erzeugungsquellen, Prioritätsregel und Erzeugungsreserve.

Erzeugungsquelle	nur mit Windenergie					Kombination		
Prioritätsregel	Speicherprio.		Exportpriorität					
Erzeugungsreserve	30%	50%	20%	30%	50%	20%	30%	
kontinental vernetzt								
Erzeugungsleistung gesamt	2,7	3,1	2,4	2,7	3,1	4,2	4,5	fach
Windenergie	2,7	3,1	2,4	2,7	3,1	1,7	1,9	fach
Solarenergie für sich	0,0	0,0	0,0	0,0	0,0	2,4	2,7	fach
Speicherladeleistung	1,9	2,3	1,7	1,9	2,2	1,6	1,6	fach
Speicherkapazität	∞	31,0	27,2	20,7	12,4	13,9	9,4	TL
Speicherentnahme	∞	17,6%	9,1%	7,3%	4,9%	8,4%	6,4%	
Fernübertragungsleistung	-	1,0	1,6	1,6	1,6	1,6	1,6	fach
Export	-	11,0%	23,1%	24,3%	24,5%	17,3%	18,8%	
Import zum Direktverbrauch	-	8,6%	20,6%	21,1%	21,2%	12,9%	13,5%	
Import zur Speicherladung	-	1,9%	1,3%	2,0%	2,1%	3,5%	4,1%	
bei gleichmäßiger Nutzung aller Speicher								
Speicherkapazität	∞	26,1	26,7	20,0	11,4	13,7	9,3	TL
ohne kontinentalen Ausgleich								
Speicherkapazität	∞	43,5	∞	∞	43,5	∞	65,0	TL

Die Regeln, nach denen der Energieaustausch zwischen den Regionen stattfindet, hat dabei entscheidenden Einfluss darauf, welche Vorteile sich für die Verbundteilnehmer einstellen werden. Wird darauf geachtet, dass Leistungsüberschüsse erst exportiert und dem direkten Verbrauch in externen Regionen zugeführt werden, dann ermöglicht der kontinentale Austausch auch eine sichere erneuerbare

Energieversorgung, wenn Speicher mit niedrigen Wirkungsgraden verwendet werden.

Tabelle 4.11 zeigt die erforderliche Leistungsinfrastruktur für die in diesem Unterkapitel untersuchten Szenarien. Es zeigt sich dabei, dass eine Vernetzung mit Speicherpriorität nichts bringen würde und das Gesamtsystem erst mit einer relativ hohen Erzeugungsreserve von ca. 50% eine sichere Versorgung gewährleisten könnte. Die Angabe „unendlich" (∞) bei der Speicherkapazität in Tabelle 4.11 soll zum Ausdruck bringen, dass sich die Speicher ständig entleeren würden und das System nur mit Zufuhr von Fremdenergie einen stabilen Zustand erreichen könnte.

Deutlich besser werden die Verhältnisse bei Exportpriorität. Die Grenze, ab der das Gesamtsystem eine zuverlässige Stromversorgung leisten könnte, begänne ab einer Erzeugungsreserve von etwas oberhalb von 20% über der durchschnittlichen Stromnachfrage. Die geringste Erzeugungsleistung wäre dabei zu errichten, wenn die Versorgung allein mit Windenergie erfolgen würde. Bei Windenergieanlagen mit 50% Benutzungsgrad läge die Schwelle, ab der eine sichere Versorgung möglich wird, bei einer installierten Nennleistung, die ca. 2,5 Mal so hoch wäre, wie die Durchschnittsleistung. Die Speicher müssten dabei in der Lage sein, mit der ca. 1,7-fachen Durchschnittsleistung, Ladung aufzunehmen. Die Fernübertragungsleistung müsste in 1,6-facher Höhe der Durchschnittsleistung mit 95% Fernübertragungswirkungsgrad zur Verfügung stehen. Die Speicher müssten eine Kapazität von ca. 27 Durchschnitts-Tagesladungen aufweisen.

Steigert man die Erzeugungsreserve bei der Windenergie, dann würde das System auch in nachfragestärkeren Jahren die Versorgung ohne Fremdenergiebedarf sichern können und die benötigte Speicherkapazität zurückgehen. Die insgesamt zu installierende Erzeugungsleistung nähme dabei ebenso zu, wie wenn durch Kombination von Wind- und Solarenergie die Inanspruchnahme des Speichers reduziert würde.

4.6 Einfluss des Fernübertragungswirkungsgrads

Alle bisherigen Szenarien dieses Kapitels gingen von dem optimistisch angenommenen Fernübertragungswirkungsgrad von 95% aus. Im Abschnitt 2.8.4 wurden aus der Literatur übernommene Übertragungs- und Konverter-Verluste angegeben, die auch zu deutlich niedrigeren Fernübertragungswirkungsgraden führen würden. Durch Variation der Fernübertragungswirkungsgrade soll in diesem Unterkapitel deshalb ausgelotet werden, welchen Einfluss dieser Parameter auf den Speicherbedarf ausüben würde.

Simuliert wurden dazu die Szenarien nur mit Windenergie, weil sich diese von der zu installierenden Erzeugungs-, Ausgleichs- und Fernübertragungsleistung her gesehen, als Alternativen herauskristallisieren, die volkswirtschaftlich betrachtet den geringsten Gesamtaufwand hervorrufen dürften.

Tabelle 4.12. Vorzuhaltende Leistungsinfrastruktur bei niedrigeren Fernübertragungswirkungsgraden.

Speicherwirkungsgrad	40%		80%		
Fernübertragungswirkungsgrad	80%	90%	80%	90%	
kontinental vernetzt					
Windenergie	2,65	2,65	2,65	2,65	fach
Speicherladeleistung	1,60	1,60	1,60	1,60	fach
Speicherkapazität	24,29	21,78	19,94	17,86	TL
Speicherentnahme	8,36%	7,59%	8,37%	7,59%	
Fernübertragungsleistung	1,60	1,60	1,60	1,60	fach
Export	26,62%	24,72%	26,57%	24,55%	
Import zum Direktverbrauch	19,99%	20,78%	19,99%	20,78%	
Import zur Speicherladung	1,31%	1,48%	1,26%	1,34%	
bei gleichmäßiger Nutzung aller Speicher					
Speicherkapazität	23,74	21,20	18,71	16,70	TL
ohne kontinentalen Ausgleich					
Speicherkapazität	∞	∞	30,74	30,74	TL

Der große Vorteil eines hohen Speicherwirkungsgrades gegenüber Systemen mit niedrigem Speicherwirkungsgrad liegt darin, dass diese Systeme auch ohne kontinentalen Ausgleich eine sichere Stromversorgung ermöglichen. Ein Ausfall von Fernübertragungsleitungen ließe sich damit über längere Zeit ebenso verkraften, wie das gänzliche Fehlen derart hochgerüsteter Übertragungsnetze, wenn dafür eine etwas höhere Speicherkapazität vorgehalten würde, wie das aus der Tabelle 4.12 hervorgeht. Systeme mit niedrigem Wirkungsgrad würden eine deutlich höhere Erzeugungsreserve benötigen und für die eintretenden Speicherverluste aufzehren, als Systeme, die über Speicher mit hohen Wirkungsgraden verfügen.

4.7 Zusammenfassung zum Speicherbedarf

Die Untersuchung der Frage:
„wie viel Speicher erfordert eine erneuerbare Energieversorgung?"
führt zu einer großen Bandbreite von Ergebnissen, die von einer Vielzahl von Einflussgrößen abhängen.

Auslegungen einer kontinentalen europäischen Energieversorgung mit kleinen Speicherkapazitäten in der Größenordnung weniger Tagesladungen sind dabei ebenso vorstellbar wie Alternativen, bei denen wesentlich größere Speicherkapazitäten einzusetzen wären in der Größenordnung von Wochen- oder gar Monatsladungen.

Als Parameter mit Einfluss auf den Speicherbedarf wurden mit Hilfe durchgerechneter Szenarien über einen 13 bzw. 39-jährigen Zeitraum in dreistündiger Auflösung systematisch untersucht:

- der Benutzungsgrad von Windenergieanlagen,
- die kontinentale Vernetzung von Erzeugungsgebieten,
- die Kombination von Solarenergie und Windenergie,
- die Erzeugungsreserve,
- die Fernübertragungsleistung,
- die Speicherladeleistung,
- der Speicherwirkungsgrad,
- die Prioritätsregeln bei Export und Import,
- der Fernübertragungswirkungsgrad.

Es zeigte sich, dass einige dieser Parameter eine erhebliche Hebelwirkung auf den Speicherkapazitätsbedarf und den Energieumsatz in den Speichern ausüben, andere Parameter eine vergleichsweise geringere Auswirkung haben.

Nicht untersucht wurden:

- Optionen zur Konzentration der Stromerzeugung auf besonders leistungsstarke Standorte, die von einer verbrauchsanteilsgewichteten Verteilung auf die Länder abweichen,
- Optionen zur Konzentration von Speicherkraftwerken auf dafür prädestiniert erscheinende Regionen, z.B. Skandinavien,
- Mischung diverser Speichertechnologien mit unterschiedlichen Wirkungsgraden und Berücksichtigung einer eventuellen Selbstentladung,

- Einfluss einer gezielten Modifikation des Benutzungsgrades von Solarenergieanlagen,
- Einfluss von Windenergieanlagen mit uneinheitlichen Benutzungsgraden,
- Übergangsszenarien vom bestehenden Kraftwerkspark auf eine Stromversorgung allein mit erneuerbaren Energien,

eventuelle zukünftige Änderungen des Verbrauchsverhaltens durch
- Elektromobilität,
- Ausschöpfung von Einsparpotentialen,
- Lastmanagement,
- Stromabnahmeverhalten bei angebotsabhängigen Strompreisen,
- ...

Die entwickelten Simulationsprogramme erlauben auch die Untersuchung derartiger Szenarien, für die weitergehende Annahmen zu treffen wären. In den untersuchten Fällen wurde immer von einer verbrauchsangepassten Erzeugung und einer bedarfsgerechten Speicherbereitstellung in den einzelnen Ländern ausgegangen. Der Stromnachfrage lag das Verbrauchsverhalten zugrunde, das in den Jahren 2006 bis 2008 feststellbar war. Dabei wurde immer das Ziel verfolgt, die Stromversorgung auf nationaler Ebene bestmöglich zu organisieren. Aufbauend darauf wurde dann ermittelt, welche Verbesserung durch eine leistungsstarke kontinentale Vernetzung herbeigeführt werden kann.

Kapitel 5 - Zusammenfassung

Der Speicherbedarf einer zuverlässigen Stromversorgung aus erneuerbaren Energiequellen hängt von einer Vielzahl von Einflüssen ab. Wichtige davon werden mit dieser Arbeit systematisch analysiert und sowohl im nationalen als auch im europäischen Kontext ausgewertet.

5.1 Was ist neu zum Stand der Technik?

Mit Hilfe von Ladungsabweichungen wird ein Weg beschritten, der es auf der Basis vorhandener Daten ermöglicht, den Speicherbedarf zu bestimmen. Der Vergleich der Ladungsabweichungen zwischen der tatsächlichen Wind- und Solarstromeinspeisung in Deutschland mit den aus Zeitreihen der Windgeschwindigkeit und der Globalstrahlung Berechneten, zeigt gute Übereinstimmung. Auf dieser Grundlage wird es möglich, den Ausgleichsbedarf einer erneuerbaren Energieversorgung aus verfügbaren Wind- und Globalstrahlungsdaten zu ermitteln, ohne dass konkrete Einspeisedaten für Wind- und Solarenergie aus allen in die Untersuchung einbezogenen Ländern und Regionen bekannt sein müssen.

Mit Ladungsabweichungen kann anschaulich aufgezeigt werden, dass das zeitliche Einspeiseverhalten von Wind- und Solarenergie für größere Gebiete hohe Ähnlichkeit aufweist. Diese Erkenntnis ermöglicht es, mit einer begrenzten Anzahl repräsentativer Rastergebiete und Stützpunkte, das Wind- und Solarstromaufkommen eines Kontinents zu beschreiben. Damit lassen sich Ausgleichseffekte für die Stromversorgung berechnen, die durch kontinentale Fernübertragung temporärer Erzeugungsüberschüsse erzielt werden können.

Für die großräumige, länderübergreifende Verteilung der Wind- und Solarenergieanlagen gäbe es eine unbegrenzte Anzahl von Möglichkeiten. Mit der Annahme, dass in jedem Land die volatile Erzeugungsleistung installiert wird, die seinem Verbrauch im Vergleich zu den anderen, am Verbund beteiligten Ländern, entspricht, entsteht eine Situation gleichberechtigter Partner die aus dem Verbund gemeinsame Vorteile ziehen. Die damit einhergehende großräumige Verteilung der Erzeugungskraftwerke schafft, im Gegensatz zu einer Konzentration der Erzeugung auf die leistungsstärksten Standorte, wie beispielsweise der Windenergie auf die Nordsee, die Grundlage zur Nutzung kontinentaler Ausgleichseffekte. Diese Dezentralität erhöht die Versorgungssicherheit und reduziert den Speicherbedarf des Gesamtsystems.

Mit der Analyse des Benutzungsgrads von Windenergieanlagen wird der Frage nachgegangen, wie eine Stromversorgung mit einem hohen Anteil erneuerbarer Energien aufgebaut werden kann, ohne dass Kraftwerksleistungen errichtet werden, die selten oder nie zum Einsatz gebracht werden können, wenn nicht ein erheblicher Zusatzaufwand für besonders leistungsstark aufgerüstete Speicher und Fernübertragungsleitungen getrieben werden soll.

Die Bestimmung der Erzeugungsanteile volatiler Wind- und Solarenergie zu Kombinationen mit minimiertem Ausgleichsbedarf erweist sich als starker Hebel zur Reduzierung des Speicherbedarfs für eine sichere, jederzeit lieferfähige Stromversorgung.

Speicherleerungskurven zeigen den Kapazitätsbedarf von Speichern und wann im Laufe der Jahreszeiten mit welchen Ladezuständen zu rechnen ist.

Leistungsklassierungen geben anschauliche Hinweise darauf, wie in Abhängigkeit von der verfügbaren Erzeugungsleistung, die Versorgung über Speicher, Stromimport und eigene Bedarfsdeckung sichergestellt wird und wie Erzeugungsüberschüsse für Speicherladung und Export eingesetzt werden.

Energieumsatzklassierungen zeigen die Energieumsätze, die durch Speicherentnahme, Import, Versorgung aus Eigenproduktion, Speicheraufladung und Export in Abhängigkeit der verfügbaren Erzeugungsleistung stattfinden. Die Wirkung von Speicherpriorität und Exportpriorität beim Umgang mit Erzeugungsüberschüssen lässt sich damit bei der Verwendung von Speichern niedrigen Wirkungsgrads anschaulich erklären.

Untersuchungen zur Verweilzeit von Energie im Speicher zwischen Aufladung und Entnahme geben Hilfestellung, wenn über Anreiz-Systeme nachgedacht wird, die notwendig wären, um den Bau großer Stromspeicher betriebswirtschaftlich so interessant zu machen, dass Unternehmungen bereit wären, in die Errichtung derartiger Anlagen zu investieren.

Ringwallspeicher werden zur Diskussion gestellt als eine Möglichkeit zur Schaffung großer und leistungsstarker Pumpspeicherkraftwerke hohen Wirkungsgrads auch in Gebieten, in denen die landschaftlichen Voraussetzungen auf den ersten Blick nicht als geeignet erscheinen.

5.2 Ergebniszusammenfassung

Wesentliche Ergebnisse der durchgeführten Untersuchungen sind in Abbildung 5.1 zusammengefasst.

Ausgehend von Grundszenarien mit 30% Erzeugungsreserve zeigt Abbildung 5.1 die Bandbreite des Speicherbedarfs, der bereitgestellt werden müsste, um mit Strom allein aus Wind und Sonne in Europa eine sichere und jederzeit bedarfsgerecht lieferfähige Elektrizitätsversorgung darzustellen.

Den größten Speicherbedarf unter den gezeigten Szenarien hätte im europäischen Durchschnitt mit ca. 104 Tagesladungen eine Versorgung allein mit Solarenergie ohne kontinentale Vernetzung mit sehr leistungsstark auf 500% des Durchschnittsverbrauchs hochgerüsteten Speichern, die in der Lage wären, die in täglichen Pulsen ankommende Solarstrahlung aufzunehmen (Spg S500 oF). Die große Speicherkapazität wäre erforderlich, um die Überschüsse aus dem Sommer für den Winter nutzbar zu machen. Die kontinentale Vernetzung würde bei einer Solarenergiebasierenden Stromerzeugung zu keiner nennenswerten Einsparung von Speicherbedarf führen (ca. 101 Tagesladungen bei Szenario Spg S500 FnB).

Windenergie funktioniert auch mit Speichern, deren Ladeleistung sich an der notwendigen Erzeugungsleistung orientiert. In den Szenarien wurde eine maximal vorzuhaltende Erzeugungsleistung der Speicher von 160% des Durchschnittsverbrauchs angenommen. Diese hätte bei allen festgestellten Flauten immer ausgereicht um eine sichere Stromversorgung auch bei Nachfragespitzen zu gewährleisten.

Das Grundszenario einer kontinental vernetzten Windenergie mit 20% Benutzungsgrad (Szenario Wn20 S160 FnB (39)) hätte einen Speicherbedarf von ca. 61 Tagen. Dieser würde sich bei Windenergie mit 50% Benutzungsgrad (Szenario Wn50 S160 FnB (39)) auf ca. 26 Tagesladungen reduzieren.

Durch Kombination der Grundszenarien von Solarenergie und Windenergie würde sich der Speicherbedarf von 101 Tagesladungen (Spg S500 FnB) und 61 Tagesladungen (Wn20 S160 FnB) auf ca. 14 Tagesladungen reduzieren (Kn20 S160 FnB). Mit Windenergieanlagen in Europa, die auf 50% Benutzungsgrad ausgelegt wären, läge der Speicherbedarf der Kombination noch bei ca. 6 Tagesladungen (Szenario Kn50 S160 FnB).

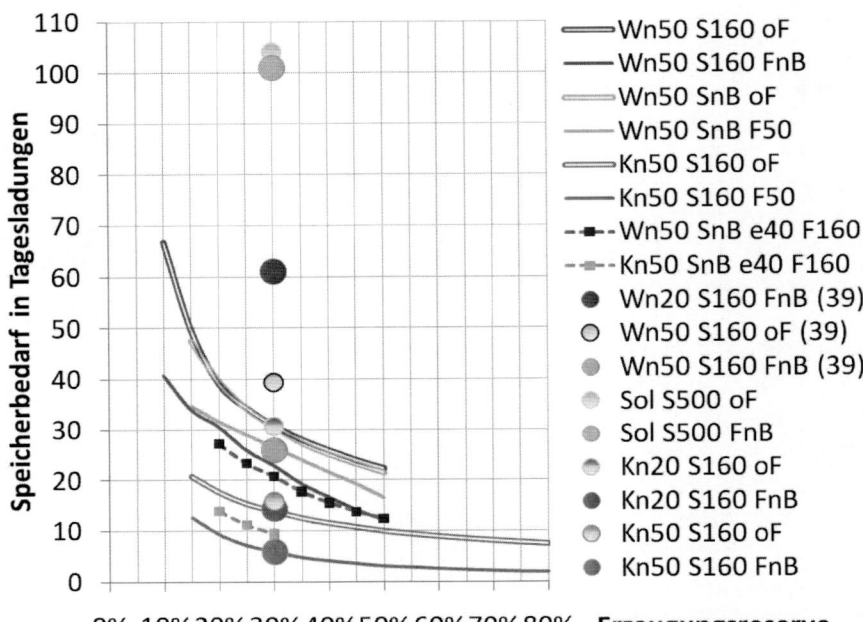

Abb. 5.1. Speicherkapazitätsbedarf in Abhängigkeit von der Erzeugungsreserve und weiteren Einflussparametern. Die Bedeutung der Abkürzungen in der Legende ist nachfolgend angegeben. Rauten (##) stehen dabei als Platzhalter für Ziffern (z.B. n## für n20 oder n50 oder S## für S160 oder S500):

W: Windenergie,
K: speicherbedarfsminimierende Kombination aus Wind- und Solarenergie,
Sgp: Solarenergie mit globalstrahlungsproportionalem Einspeiseverhalten,
n##: Benutzungsgrad der Windenergieanlagen in ##%,
S##: Speicherladeleistung in Bezug auf den Durchschnittsverbrauch in ##%,
SnB: Speicherladeleistung nach Bedarf (ohne Begrenzung),
F##: Fernübertragungsleistung in Bezug auf den Durchschnittsverbrauch in ##%,
oF: ohne Fernübertragung (jedes Land versorgt sich selbst),
FnB: Fernübertragungsleistung nach Bedarf (ohne Begrenzung),
e40: Exportpriorität und Speicherwirkungsgrad 40%
(Standard: Speicherpriorität, Speicherwirkungsgrad 80%),
(39): 39-jähriger Untersuchungszeitraum (Standard: 13 Jahre).

Die speicherbedarfsreduzierende Wirkung der kontinentalen Vernetzung kann aus dem Diagramm entnommen werden, durch den Vergleich der im europäischen Durchschnitt für die einzelnen Länder eingetragenen Szenarien ohne kontinentale Vernetzung (oF) zu denen mit Fernübertragung (FnB = Fernübertragungsleistung nach Bedarf, F50 = Fernübertragungsleistung mit maximal 50% der Durchschnittslast oder F160 = Fernübertragungsleistung mit maximal 160% der Durchschnittslast).

Besonders starken Einfluss auf den Speicherbedarf hat die auf der X-Achse aufgetragene Erzeugungsreserve. Je mehr Leistung oberhalb des Durchschnittsverbrauchs vorgehalten wird, desto schneller werden entleerte Speicher aufgefüllt und desto weniger werden sie überhaupt in Anspruch genommen. Der Preis dafür wäre eine hohe nicht nutzbare Erzeugungsleistung, die höher wäre, als eine beruhigende Reserve zur Überbrückung erzeugungsschwacher Jahre. 80% Erzeugungsreserve würde bei Kombination von Windenergie mit 50% Benutzungsgrad mit globalstrahlungsproportionaler Solarenergie, einen Speicherbedarf unter zwei Tagesladungen erfordern, obwohl in den dazu untersuchten Szenarien die Fernübertragungsleistung auf 50% des Durchschnittsverbrauchs begrenzt wurde (Kn50 S160 F50).

Durch Anwendung von Exportpriorität ist es bei einer leistungsstarken kontinentalen Vernetzung auch mit Speichern niedrigen Wirkungsgrads möglich, eine jederzeit lieferfähige Stromversorgung aus Wind und Sonne darzustellen (siehe die Szenarien Wn50 SnB e40 F160 und Kn50 SnB e40 F160).

Die robusteste Stromversorgung stünde zur Verfügung, wenn jede Region für sich durch Speichereinsatz und Erzeugungsstruktur in der Lage wäre, die Versorgung sicher zu stellen, auch wenn es beim kontinentalen Leistungsausgleich zu Problemen kommen sollte. Dafür wären gut auf die Regionen verteilte Speicher hohen Wirkungsgrads mit der benötigten Kapazität und ebenfalls darauf abgestimmte Kombinationen aus Wind- und Solarenergieanlagen ein geeigneter Ansatz.

5.3 Schlussbemerkung

Die Optimierung einer Zielgröße, z.B. die Minimierung der erforderlichen Speicherkapazität zieht immer die Änderung anderer Größen nach sich. Weniger Speicherkapazitätsbedarf erreicht man durch Erhöhung des Benutzungsgrads der Windenergieanlagen, durch optimale Kombination von Anteilen aus Windenergieanlagen und Solarenergieanlagen, durch leistungsstarke kontinentale Vernetzung aller Erzeugungsregionen bei hohem Fernübertragungswirkungsgrad, durch Aufbau einer hohen Erzeugungsreserve, durch den Einsatz von Speichern mit bestem Wirkungsgrad und hoher Ladeleistung und durch die Anwendung von Exportpriorität. Das alles hätte seinen Preis, der höher wäre, als die Schaffung von etwas mehr Speicherkapazität.

Durch Kostenannahmen für all diese Einflussfaktoren ließe sich ein wirtschaftliches Optimum berechnen. Das Ergebnis einer derartigen Berechnung würde Anhaltspunkte liefern, wie ein Energiegewinnungs- und Speicheranlagen-Mix aus der wirtschaftlichen Perspektive des Untersuchungszeitpunktes aussehen könnte. Viele Einflüsse lassen sich auf die Zeitdauer, die so eine Umstellung erfordern wird, jedoch nicht vorhersagen. Kaum berücksichtigen ließen sich Fragen der Akzeptanz in der Bevölkerung für Entwicklungen, die derartige Annahmen zur Folge hätten und das Lebensumfeld vieler Menschen betreffen würden.

Ein optimales Gesamtsystem, bei dem alle Länder Europas ihre Interessen bei einer erneuerbaren Energieversorgung wieder finden würden, lässt sich folglich schwerlich allein auf der Basis der untersuchten Zusammenhänge berechnen und als Zielvorstellung postulieren.

Die Erkenntnisse, die aus den vorliegenden Untersuchungen gewonnen wurden erlauben es jedoch, aktuelle Praktiken bei der Genehmigung und Förderung erneuerbarer Energieanlagen unter dem Aspekt zu überprüfen, ob der entstehende Anlagenmix auch in einem Umfeld mit dem angestrebten hohem Anteil regenerativ gewonnener Energie gute Voraussetzungen bieten wird, eine bedarfsgerechte und volkswirtschaftlich vorteilhafte Stromversorgung entstehen zu lassen.

Die Datenbasis und die entwickelten numerischen Berechnungsverfahren erlauben es, zu erwartende Auswirkungen und Zusatzerfordernisse von Vorstellungen zu untersuchen, die eine Region, ein Land oder eine im Energiesektor tätige Organisation oder Firma von der Entwicklung der erneuerbaren Stromversorgung im Kontext eines europäischen Verbundes haben. Dabei kann differenziert auf die Gegebenheiten und Wünsche der Einzelgebiete eingegangen werden. So können z.B. die in der vorliegenden Untersuchung relativ grob vorgenommene Modellierung der Solarenergie verfeinert und andere erneuerbare und konventionelle Energiequellen berücksichtigt werden. Auf diese Weise lassen sich für den Aufbau einer erneuerbaren Energie Infrastruktur Wege aufzeigen, auf denen Synergien gehoben werden können und Vorteile zum Nutzen aller Beteiligten entstehen.

Danksagungen

Einen herzlichen Dank richte ich an Herrn Thorsten Dietz, von der E.ON Netz GmbH, Bayreuth (jetzt Transpower GmbH), Herrn Dipl.-Ing. Berthold Hahn, Leiter Windenergienutzung vom Institut für Solare Energieversorgungstechnik e.V. an der Universität Kassel, Herrn Dr. Dr. Karlheinz Marquardt vom Institut für Wirtschaftsökologie in Bad Steben, Herrn Dr.-Ing. Ewald Bauer aus Wunsiedel, Herrn Dipl.-Ing. Steffen Wissel vom Institut für Energiewirtschaft und Rationelle Energieanwendung (IER) der Universität Stuttgart, Herr Konrad Schedl aus Tirschenreuth, meinen Sohn, stud.-Ing. Ferdinand Popp, Herrn Prof. Dr. rer. nat. Dirk Uwe Sauer vom Institut für Stromrichtertechnik und elektrische Antriebe (ISEA) der Rheinisch-Westfälischen Technischen Hochschule Aachen (RWTH), Herrn Dipl.-Ing. Wolfgang Glaunsinger von der ETG[23] Task Force Energiespeicher im VDE, Herren Oliver König und Herrn Jonas Kaufmann von der Internetplattform www.windfinder.com, Herrn Jürgen Günsel von der Vattenfall Europe AG der Region Cottbus und Herrn Prof. Dr. Küçükay von der TU Braunschweig. Sie alle gaben wichtige Anregungen und Informationen im Vorfeld der Dissertation.

Einen qualitativen Schub und neue Dynamik brachte Prof. Dr. Reinhard Leithner im Laufe des Jahres 2009 in das vorliegende Projekt durch seine Bereitschaft, die bis dahin vorhandenen Ausarbeitungen im Rahmen der ab dann begonnenen Dissertationsarbeit zu begleiten. Seine Anregung, die Wirkungen der kontinentalen Vernetzung in das Forschungsprojekt einzubeziehen unterstützte er mit Forschungsmitteln des Instituts für Wärme- und Brennstofftechnik der TU Braunschweig zur Beschaffung von Windgeschwindigkeitsdaten von Europa. Eine Reihe ausführlicher Besprechungen trugen dazu bei, dass die Arbeit zügig vorangebracht werden konnte.

Im Zuge dieser Arbeiten danke ich Herrn Niels Mortensens und Herrn Dr. Gregor Giebel von der Dänischen Technischen Universität (DTU) und Herrn Dr. Theo Mengelkamp von der Anemos GmbH.

Besonderer Dank gilt Herrn Prof. Dr. Parisi als Gutachter und Frau Dr. Anette Hammer vom physikalischen Institut der Universität Oldenburg. Mit Ihrer Hilfe wurde der Zugriff auf Globalstrahlungsdaten aus Satellitenmessungen über 13 zusammenhängende Jahre möglich.

---

[23] ETG Energietechnische Gesellschaft im VDE

Herzlicher Dank gilt ebenso Herrn Prof. Dr. Hermann-Josef Wagner von der Ruhr Universität Bochum der ebenfalls als Gutachter für diese Dissertation zur Verfügung steht.

Ein besonderer Dank gilt meiner Familie und meiner Frau Thea, die mir den Freiraum ließen, diese Dissertation zu erarbeiten.

Mit dem Wunsch, dass sie dazu beiträgt, eine gute Zukunft zu gestalten,

Wunsiedel, im Frühjahr 2010

Matthias Popp

Literatur

[ANEM1]   anemos Gesellschaft für Umweltmeteorologie mbH, http://www.anemos.de/0/?pg=0&lg=1, Zugriff am 18.04.2010

[ANEM2]   anemos Gesellschaft für Umweltmeteorologie mbH, Windatlas Bosnien-Herzegowina, http://www.anemos.de/2/?pg=2312&lg=1, Zugriff am 18.04.2010

[BMU1]   Bundesministerium für Umwelt, Naturschutz und Reaktorsicherheit (BMU), "Leitstudie 2008" - Weiterentwicklung der "Ausbaustrategie Erneuerbare Energien" vor dem Hintergrund der aktuellen Klimaschutzziele Deutschlands und Europas, 1. Auflage, Oktober 2008, http://www.bmu.de/erneuerbare_energien/downloads/doc/42383.php, Zugriff am 26.12.2009

[BWE1]   Bundesverband Windenergie e.V., Technik > Physik der Windenergie > Leistungsbeiwert, http://www.wind-energie.de/de/technik/physik-der-windenergie/leistungsbeiwert/, Zugriff am 18.04.2010

[CZIS1]   Gregor Czisch 2005, Szenarien zur zukünftigen Stromversorgung, Kostenoptimierte Variationen zur Versorgung Europas und seiner Nachbarn mit Strom aus erneuerbaren Energien, https://kobra.bibliothek.uni-kassel.de/bitstream/urn:nbn:de:hebis:34-200604119596/1/DissVersion0502.pdf, Zugriff am 18.04.2010

[ETSO1]   entsoe, European Network of Transmission System Operators for Electricity, NTC Values, NTC Matrix, http://www.entsoe.eu/index.php?id=71, Zugriff am 16.02.2010.

[ETSO2]   entsoe, European Network of Transmission System Operators for Electricity, Hourly Load Values for all Countries for a specific Month (in MW), http://www.entsoe.eu/index.php?id=136, Zugriff am 18.04.2010

[ETSO3]   entsoe.net – the transparency platform of ENTSO-E, System vertical load, https://www.etsovista.com/data.aspx?IdMenu=9, Zugriff am 22.12.2009

[ETSO4]   UTCE, National electricity consumption 2007 and highest load on 3rd Wednesday of December 2007, http://www.entsoe.eu/fileadmin/user_upload/_library/resources/statistics/e_consumption_2007.pdf, Zugriff am 27.12.2009

[ISET1]   Martin Braun et al.(4. März 2008), Wertigkeit von PV-Strom - Nutzen durch Substitution des konventionellen Kraftwerkparks und verbrauchsnahe Erzeugung, http://www.iset.uni-kassel.de/abt/FB-A/publication/2008/2008_Braun_Staffelstein_Wert_PV_Strom.pdf, Zugriff am 18.04.2010

[NOAA1]   U.S. Department of Commerce | National Oceanic and Atmospheric Administration, Earth System Research Laboratory | Physical Sciences Division (PSD), http://www.esrl.noaa.gov/psd/data/reanalysis/reanalysis.shtml, Zugriff am 18.04.2010

[QUAS1]   V. Quaschning, Regenerative Energiesysteme, 5. Auflage, 2007/2008 Hanser Verlag München

[STRA1]   Karl Strauß: Kraftwerkstechnik, 6. Auflage. Springer, Heidelberg Dordrecht London New York 2009

[REIS1]   Christian Reise, Entwicklung von Verfahren zur Prognose des Ertrags großflächiger Energieversorgungssysteme auf der Basis von Satelliteninformationen, Juli 2003, http://oops.uni-oldenburg.de/volltexte/2004/225/pdf/reient03.pdf, Zugriff am 06.02.2010

[SATE1]   S@tel-Light, The European Database of Daylight and Solar Radiation, http://www.satel-light.com, Zugriff am 18.04.2010

[SAUE1]   D. Sauer 2007, Infrastrukturbedarf und Speicherung elektrischer Energie unter Berücksichtigung des Mobilitätssektors bei hohem Anteil Erneuerbarer Energien, Schweizerische Energiestiftung – Fachtagung „Mythos Stromlücke", Zürich, 31.08.2007,

	http://www.isea.rwth-aachen.de/publications/request/1287, Zugriff am 14.02.2010.
[STAT1]	Statistisches Bundesamt (31.12.2004), Land- und Forstwirtschaft, Fischerei - Bodenfläche nach Art der geplanten Nutzung, https://www-ec.destatis.de/csp/shop/sfg/bpm.html.cms.cBroker.cls?cmspath=struktur,vollanzeige.csp&ID=1018758, Zugriff am 18.04.2010
[VDE1]	Leonhard et al. (2008), Energiespeicher in Stromversorgungssystemen mit hohem Anteil erneuerbarer Energieträger, Bedeutung, Stand der Technik, Handlungsbedarf, VDE, Frankfurt
[WIND1]	Windmonitor, Internetplattform, gefördert durch das Bundesministerium für Umwelt, Naturschutz und Reaktorsicherheit: „Installierte Nennleistung [MW] aller WEA in Deutschland", http://www.windmonitor.de/, Zugriff am 15.02.2010
[ZAHO1]	Richard A. Zahoransky, Energietechnik, 4. Auflage, Vieweg + Teubner	GWV Fachverlage GmbH, Wiesbaden 2009

Anhang

A Durchschnittsbezogene Leistung

Die Durchschnittsleistung P_D während eines Zeitraums t_{ges}

$$P_D = (\sum(P_i \cdot t_i)) / t_{ges} \qquad (A\ 1)$$

kann nach Gleichung (A 1) aus der Summe der Teilenergien, die mit der Leistung P_i im Zeitabschnitt t_i umgesetzt wurden, bezogen auf die Gesamtzeit t_{ges} bestimmt werden.

Die Leistung P kann auf die Durchschnittsleistung P_D bezogen werden. Diese Größe wird als durchschnittsbezogene oder mittelwertbezogene Leistung PzuM bezeichnet.

$$PzuM = P / P_D \qquad (A\ 2)$$

Dieser Wert kann in einer Zeitreihe als Prozentwert angegeben werden. Durchschnittsbezogene Leistungen gibt es sowohl bei der Stromerzeugung als auch beim Stromverbrauch. Liegt während einem Zeitschritt z.B. die Einspeiseleistung einer Windenergieanlage über der mittleren Einspeiseleistung dann hat die durchschnittsbezogene Leistung einen Wert über 100%. Liegt die Stromnachfrage in einem Zeitschritt unter dem Durchschnitt, dann ist die nachgefragte durchschnittsbezogene Leistung kleiner als 100%.

B Ladung

Die Ladung L mit der Einheit Tagesladung TL wird als Größe eingeführt, um damit auszudrücken, dass eine Leistung in Höhe der Durchschnittsleistung einen Tag lang anliegt. Mit der Dauer eines Zeitschritts t_i und der während dieser Zeit anliegenden durchschnittsbezogenen Leistung $PzuM_i$ gilt:

$$L = \sum(PzuM_i \cdot t_i) \tag{B 1}$$

Erzeugt beispielsweise eine Windenergieanlage einen Tag lang Strom in Höhe der Durchschnittsleistung, dann wird damit eine Tagesladung an Strom produziert. Es handelt sich dabei um eine Energiegröße, die über die durchschnittsbezogene Leistung definiert ist. Die Summe aller Teilladungen über einen Gesamtzeitraum entspricht auf der Basis dieser Definitionen immer der Anzahl der Tage dieses Zeitraums t_{ges}. Das gilt sowohl für produzierende Kraftwerkseinheiten als auch für die Stromabnahme. Ein Speicher der einen Tag lang mit Durchschnittsleistung aufgeladen wird, hätte eine Tagesladung aufgenommen. Summiert man alle Teilladungen über den Zeitraum, für den der Leistungsdurchschnitt gebildet wurde, dann ergibt sich als Ergebnis die Anzahl der Tage mit der Einheit Tagesladungen TL:

$$L_{ges} = \sum_{i=1}^{n_{ges}} (PzuM_i \cdot t_i) = t_{ges} \ [TL] \ . \tag{B 2}$$

C Leistungs- und Ladungsabweichung

Für die durchschnittsleistungsbezogene Leistungsabweichung $PzuM_A$ gilt:

$$PzuM_A = PzuM - 100\%. \tag{C 1}$$

Ist die Leistung überdurchschnittlich, dann ist der Wert positiv. Ist die Leistung unterdurchschnittlich, dann ist der Wert negativ.

In die Energieform der eingeführten Ladungsgröße überführt erhält man damit die Ladungsabweichung

$$L_A = \sum(PzuM_{Ai} \cdot t_i). \tag{C 2}$$

Eine positive Ladungsabweichung von z:B. einer Tagesladung zum Zeitschritt t_i würde bedeuten, dass die bis dahin umgesetzte Energie um einen Tag mit Durchschnittsleistung mehr betragen hätte, als wenn bis zu diesem Zeitpunkt immer die Durchschnittsleistung angelegen hätte.

Für die Summe dieser Ladungsabweichungen L_A aus der durchschnittsbezogenen Leistungsabweichungen, über den Gesamtzeitraum gilt:

$$L_{Ages} = \sum_{i=1}^{n_{ges}} (P_{zuM_{Ai}} \cdot t_i) = 0 \; . \tag{C 3}$$

Zwischen dem ersten und dem letzten Zeitschritt eines Untersuchungszeitraums charakterisiert diese Ladungsabweichung das Leistungsverhalten.

Die Ladungsabweichungskurve einer Windenergieanlage oder einer Solarenergieanlage charakterisiert deren Einspeiseverhalten z.B. über ein Jahr. Die Ladungsabweichungskurve des Stromverbrauchs charakterisiert den Stromverbrauch im Jahresverlauf.

D Datenaufbereitung, Simulation und Optimierung

Die Aufbereitung der für die Simulationsläufe verwendeten Daten erfolgte in mehreren eigenständigen Schritten. Ausgangsbasis waren immer die in unterschiedlichsten Formaten vorliegenden Daten von z.B.
- der tatsächlichen Einspeisungen der Windenergie,
- der Netzlasten oder der vertikalen Lasten,
- der tatsächlichen Solarstromeinspeisung,
- der Windgeschwindigkeiten,
- der Globalstrahlung.

Für diese Rohdaten wurden zunächst darauf abgestimmte Importroutinen zur Übertragung in Access Datenbanken entwickelt.

Im nächsten Schritt erfolgten Plausibilitäts- und Vollständigkeitsprüfungen zu den vorgefundenen Daten. Lücken und offensichtliche Fehlangaben, die bei einigen Datenreihen zur Netzlast als Ausreißer identifiziert werden konnten, wurden durch entsprechende Eingriffe so korrigiert, dass realistische Verläufe in der zeitlichen Abfolge entstanden. Die dazu entwickelten Prüfroutinen suchten beispielsweise automatisiert nach Änderungen der Last zwischen zwei Zeitschritten, die einen prozentualen Schwellwert überschreiten oder zu einem bestimmten Prozentsatz vom Durchschnittswert abweichen. Am Ende dieser Prüf- und Korrekturläufe standen lückenlose Zeitreihen mit durchgängig plausibel erscheinendem Verlauf.

In einem weiteren Durchlauf wurden alle Zeitreihen in Drei-Stunden-Schritte bezogen auf die koordinierte Weltzeit (UTC) umgerechnet. Diese Drei-Stunden Zeitschritte waren durch das Zeitraster des Windatlas vorgegeben. Besonders Augenmerk war dabei auf den Wechsel zwischen Sommer- und Winterzeit und auf die Zeitverschiebung zwischen den Zeitzonen der berücksichtigten Länder zu legen.

Ein weiterer Vorbereitungsschritt bestand darin, zu den Windgeschwindigkeiten der Rastergebiete die Nennleistungswindgeschwindigkeiten zu ermitteln, die zu den interessierenden Benutzungsgraden führen. Damit wurden dann die Leistungen von Windkonvertern in Abhängigkeit des Benutzungsgrads für jeden einzelnen Zeitschritt berechnet.

Ein weiterer Vorbereitungsschritt bestand darin, die pro Zeitschritt und Untersuchungsgebiet verfügbaren bzw. geforderten Leistungen auf die Durchschnittslast des Gesamtzeitraums zu beziehen.

Mit dieser Datengrundlage können dann die Ergebniszeitreihen ermittelt werden. Dabei handelt es sich um einfache Simulationsläufe. Unter Berücksichtigung der pro berücksichtigtem Rastergebiet vorgegebenen Parameter wie Wirkungsgraden, maximalen Leistungen, maximaler Speicherkapazität, ob Grundlast oder bedarfsangepasste Last bereitzustellen ist und welche Prioritätsregel bei der Verwendung von Überschüssen bei Export und Import zu beachten sind, wurden dann die Energieumsätze detailliert, Zeitschritt für Zeitschritt, berechnet. Tabelle D.1 zeigt als vereinfachtes Strukturschema in Anlehnung an Nassi-Schneidermann-Diagramme nach DIN 66261, wie diese Simulation bei Speicherpriorität abläuft.

Tabelle D.1. Vereinfachtes Strukturdiagramm zur Veranschaulichung der Berechnungsabläufe zur Ermittlung der Ergebnisse bei Speicherpriorität.

Initialisierung und Prüfung der Startvoraussetzungen des Szenarios
Gebietsmerkmale des Szenarios einlesen
Untersuchungszeitraum im Drei-Stunden-Takt durchlaufen
Für alle Teilgebiete
Stromerzeugung aus Wind und Sonne ermitteln
Bedarf ermitteln
Überproduktion bzw. Fehlbedarf feststellen
Speicherleerung des Vorzustandes als Ausgangsbasis übernehmen
Für alle Teilgebiete
Erzeugungsleistung über dem Eigenbedarf ist vorhanden?

Ja		Nein
Soweit erforderlich und bei Berücksichtigung der maximalen Ladeleistung, den eigenen Speicher aufladen		
Darüber hinausgehende Erzeugungsleistung steht zur Verfügung?		
Ja		Nein
Diese bei Berücksichtigung der maximalen Fernübertragungsleistung dem Exportangebot zuschlagen		

Ein Exportangebot steht zur Verfügung?		
Ja		Nein
Für alle Teilgebiete		
<u>Importbedarf zum direkten Verbrauch</u> feststellen und <u>Priorität zum direkten Verbrauch</u> nach der Höhe des Bedarfs ordnen		
Der eigene Speicher weist eine Leerung auf?		
Ja		Nein
<u>Importbedarf zur Aufladung des eigenen Speichers</u> feststellen und <u>Priorität aufgrund geleerter Speicher</u> nach Speicherleerung ordnen		

Importbedarf ist vorhanden?		
Ja		Nein
<u>Importbedarf zum direkten Verbrauch</u> in der Reihenfolge der <u>Priorität aufgrund geleerter Speicher</u> befriedigen		
Ein weiteres Exportangebot steht zur Verfügung?		
Ja		Nein
<u>Importbedarf zum direkten Verbrauch</u> in der Reihenfolge der <u>Priorität zum direkten Verbrauch</u> erfüllen		
Ein weiteres Exportangebot steht zur Verfügung?		
Ja		Nein
Leere Speicher in der Reihenfolge der <u>Priorität aufgrund geleerter Speicher</u> aufladen		
Verbrauchtes Exportangebot feststellen		
Für alle Teilgebiete mit Überproduktion		
Export und nicht nutzbare Überproduktion feststellen		

150 Anhang

```
Für alle Teilgebiete
    Existiert noch ungedeckter Bedarf zum direkten Verbrauch?
    Ja                                                    Nein
    Fehlbedarf, soweit es die Speicherkapazität zulässt, dem eigenen Speicher
    entnehmen
        Existiert weiter ungedeckter Bedarf zum direkten Verbrauch?
        Ja                                                Nein
        Feldbedarf durch Fremdstrom ausgleichen

Ergebnisermittlung mit kontinentalem Ausgleich für den untersuchten Drei-Stunden-
Zeitraum abgeschlossen
Es folgt die Ergebnisermittlung ohne kontinentalen Ausgleich
Für alle Teilgebiete
                    Überproduktion vorhanden?
    Ja                                                    Nein
    Speicheraufladung und    | Speicherentnahme und vergrößerten Leerungszustand
    verringerten Leerungszu- | des Speichers bestimmen
    stand des Speichers be-  |     Weiterer Fehlbedarf vorhanden?
    stimmen                  |     Ja                            Nein
                             |     Fremdstrombedarf feststellen

Ergebnisermittlung abgeschlossen
Es folgen Plausibilitätsprüfungen und Ergebnisspeicherung
Für alle Teilgebiete
    Ergebnisse der Berechnung auf die Datenbank schreiben

Ergebniszeitreihen-Berechnung abschließen
```

Die Ermittlung der Ergebniszeitreihen mit Exportpriorität verläuft ähnlich wie bei Speicherpriorität, jedoch mit dem Unterschied, dass Speicher erst dann mit verbleibenden Überschüssen gefüllt werden, wenn in allen Gebieten die Nachfrage zum direkten Verbrauch befriedigt wurde.

D Datenaufbereitung, Simulation und Optimierung

Die Ermittlung der Verweilzeiten von Energie in den Speichern erfolgt in einem nachgeschalteten Rechenlauf, bei dem für jeden Zeitschritt untersucht wird, wann der Speicher mit dem entnommenen Energiebetrag zum letzten Mal aufgeladen wurde.

Das Auffinden optimaler, eine bestimmte Zielgröße minimierender Anteilskombinationen von Wind- und Solarenergieanlagen für die einzelnen Untersuchungsgebiete erfolgt iterativ. Dabei wird in einem übergeordneten Optimierungsprozess die Simulation zur Ermittlung der Ergebniszeitreihe mit vorgegebenen Anteilen der durchschnittlichen Stromerzeugung aus Wind- und Solarenergie mehrfach durchlaufen. Die berechnungsintensiven Schritte zur Ermittlung des kontinentalen Ausgleichs werden dabei ausgelassen, so dass Speicherladung, -Entnahme, Fremdenergiebedarf und Speicherleerung für den 13-jähriger Zeitraum für den Solar- und Winddaten zur Verfügung stehen, zügig ermittelt werden können. Das Verfahren beginnt mit der Ermittlung der zu minimierende Zielgröße für 100% Wind- und 0% Solaranteil, anschließend für 0% Wind- und 100% Solaranteil und für 50% Wind- und 50% Solaranteil. Ausgehend von den beiden niedrigeren dieser drei Ergebnisse für die Zielgröße wird dann die Kombination im Zwischenraum untersucht. Wenn z.B. 0% Wind- und 100% Solaranteil den höchsten Speicherkapazitätsbedarf ergaben, dann findet die nächste Untersuchung für 75% Wind- und 25% Solaranteil statt. Dieses Verfahren wird mit ganzzahligen Prozentsätzen solange wiederholt, bis auf eine Genauigkeit von einem Prozent die Anteile von Wind- und Solarenergie gefunden sind, bei der sich der optimierte Wert für die Zielgröße einstellt.

Anschließende Simulationen, z.B. nach dem in Tabelle D.1 beschriebenen Ablauf, können dann auf Basis der gefundenen, die Verhältnisse in den Teilregionen optimierenden Kombinationen, die Energieumsätze bei länderübergreifender Vernetzung ermitteln.

E Kombinationen aus Wind- und Solarenergie

Tabelle E.1. Speicherbedarf minimierende Kombinationen aus Windenergieanlagen mit 50% Nutzungsgrad und globalstrahlungsproportional einspeisenden Solarenergieanlagen, geordnet nach dem Speicherbedarf SLoA, der sich ohne Vernetzung zum Ausgleich mit anderen Gebieten ergeben würde. Dem Szenario liegen eine Reserveleistung von 30%, ein **Speicherwirkungsgrad von 80%**, eine Speicherladeleistung von 160% und ein Fernübertragungswirkungsgrad von 95% zu Grunde. Ausgewertet wurde der Zeitraum 1996 bis 2008.
Pos: Positionsnummer des Szenario-Bausteins,
SZB: Landeskurzeichen, Rasterposition des Wind-Erntegebiets, und Anfangsbuchstaben des urbanen Solarerntezentrums des Szenario-Bausteins,
VAnt: zugeordneter Anteil des Bausteins am europäischen Stromverbrauch,
Want: Windenergie-Anteil an der Stromerzeugung,
Sant: Solarenergie-Anteil an der Stromerzeugung,
SLoA: maximal festgestellte Speicherleerung ohne kontinentalen Ausgleich,
SLmA: maximale Speicherleerung mit kontinentalem Ausgleich durch Stromexport und Import,
Gewinn: Reduzierung des Speicherbedarfs durch die Einbindung in das kontinentale Netzwerk.

Pos	SZB	VAnt	WAnt	SAnt	SLoA	SLmA	Gewinn
29	IT-(22|08) <> Cag	2,00%	61%	39%	-7,59	-6,44	15,2%
3	BA-(29|13) <> Sar	0,34%	77%	23%	-8,62	-3,73	56,8%
46	SI-(27|16) <> Lju	0,37%	76%	24%	-9,76	-6,65	31,9%
15	ES-(15|11) <> Bar	3,00%	64%	36%	-9,94	-6,66	33,0%
30	IT-(21|14) <> Mil	2,00%	68%	32%	-10,09	-3,04	69,9%
27	IT-(27|05) <> Pal	2,00%	62%	38%	-10,11	-5,56	45,0%
24	HR-(29|13) <> Zag	0,52%	77%	23%	-10,43	-3,92	62,4%
28	IT-(28|09) <> Rom	3,82%	67%	33%	-10,53	-5,71	45,8%
23	GR-(35|06) <> Ath	1,64%	68%	32%	-11,11	-3,94	64,5%
12	DE-(23|18) <> Mun	4,00%	73%	27%	-11,55	-6,14	46,9%
34	ME-(32|10) <> Pod	0,13%	81%	19%	-11,63	-3,89	66,6%
10	DE-(24|23) <> Ber	4,00%	78%	22%	-12,62	-6,27	50,3%
33	LV-(30|30) <> Rig	0,22%	84%	16%	-12,86	-3,84	70,1%
26	IE-(09|27) <> Dub	0,78%	78%	22%	-12,88	-5,79	55,1%
1	AL-(32|10) <> Tir	0,10%	87%	13%	-13,43	-4,50	66,5%
50	UK-(11|22) <> Bir	4,00%	81%	19%	-13,52	-6,54	51,7%
42	RO-(38|15) <> Buc	1,00%	75%	25%	-13,56	-4,18	69,2%
25	HU-(30|17) <> Bud	1,13%	78%	22%	-14,00	-7,40	47,1%
16	ES-(06|14) <> Mad	2,97%	73%	27%	-14,01	-6,49	53,7%
11	DE-(22|21) <> Fra	4,00%	77%	23%	-14,09	-7,02	50,2%
7	CY-(38|04) <> Ath	0,14%	76%	24%	-14,26	-3,97	72,2%

Tabelle E.1. Fortsetzung

Pos	SZB	VAnt	WAnt	SAnt	SLoA	SLmA	Gewinn
17	ES-(09|06) <> Gib	2,00%	75%	25%	-14,39	-5,68	60,5%
9	DE-(22|26) <> Ham	4,21%	79%	21%	-14,59	-5,17	64,6%
31	LT-(32|28) <> Vil	0,33%	78%	22%	-14,89	-3,86	74,1%
38	PL-(28|26) <> Gda	2,16%	78%	22%	-15,19	-4,29	71,7%
8	CZ-(28|20) <> Pra	1,89%	85%	15%	-15,34	-7,36	52,0%
44	SE-(28|30) <> Sto	2,19%	88%	12%	-15,50	-3,55	77,1%
21	FR-(17|15) <> Tou	3,00%	89%	11%	-15,73	-6,65	57,7%
48	UK-(15|25) <> Lon	4,00%	77%	23%	-16,00	-6,30	60,6%
2	AT-(27|19) <> Wie	1,99%	79%	21%	-16,12	-7,36	54,3%
36	NL-(19|24) <> Ams	3,50%	76%	24%	-16,40	-6,53	60,2%
41	RO-(35|18) <> Buc	0,61%	81%	19%	-16,61	-4,87	70,7%
40	PT-(05|09) <> Lis	1,52%	83%	17%	-17,63	-5,51	68,7%
43	RS-(32|14) <> Beo	1,13%	93%	7%	-17,71	-7,34	58,5%
22	FR-(19|13) <> Mar	3,00%	89%	11%	-17,81	-6,68	62,5%
4	BE-(18|22) <> Bru	2,60%	77%	23%	-18,03	-6,62	63,3%
19	FR-(12|19) <> Par	4,38%	88%	12%	-18,09	-7,30	59,6%
35	MK-(32|10) <> Sko	0,25%	89%	11%	-18,28	-3,83	79,0%
32	LU-(20|20) <> Lux	0,19%	74%	26%	-18,32	-7,06	61,5%
14	EE-(32|32) <> Tal	0,23%	89%	11%	-18,35	-3,96	78,4%
6	CH-(20|16) <> Zur	1,87%	93%	7%	-18,93	-7,41	60,9%
18	FI-(31|36) <> Hel	2,53%	90%	10%	-19,00	-4,27	77,5%
49	UK-(14|30) <> Edi	3,62%	78%	22%	-19,17	-4,92	74,3%
45	SE-(24|31) <> Got	2,00%	92%	8%	-19,26	-4,20	78,2%
39	PL-(30|23) <> War	2,00%	79%	21%	-19,95	-4,27	78,6%
13	DK-(22|28) <> Kob	1,05%	82%	18%	-20,03	-5,22	73,9%
5	BG-(36|12) <> Sof	1,00%	93%	7%	-20,08	-6,55	67,4%
20	FR-(16|18) <> Lyo	4,00%	91%	9%	-21,95	-7,28	66,8%
47	SK-(31|20) <> Bra	0,80%	85%	15%	-26,06	-6,10	76,6%
37	NO-(20|33) <> Osl	3,75%	91%	9%	-27,23	-5,11	81,2%

Tabelle E.2. Speicherdurchsatz minimierende Kombinationen aus Windenergieanlagen mit 50% Nutzungsgrad und globalstrahlungsproportional einspeisenden Solarenergieanlagen, geordnet nach den jährlichen Speicherentnahmen in Tagesladungen SLoA, die sich ohne Vernetzung zum Ausgleich mit anderen Gebieten ergeben würde. Dem Szenario liegen eine Reserveleistung von 30%, ein **Speicherwirkungsgrad von 40%**, eine Speicherladeleistung nach Bedarf und ein Fernübertragungswirkungsgrad von 95% zu Grunde. Ausgewertet wurde der Zeitraum 1996 bis 2008.
Pos: Positionsnummer des Szenario-Bausteins,
SZB: Landeskurzeichen, Rasterposition des Wind-Erntegebiets, und Anfangsbuchstaben des urbanen Solarerntezentrums des Szenario-Bausteins,
VAnt: zugeordneter Anteil des Bausteins am europäischen Stromverbrauch,
Want: Windenergie-Anteil an der Stromerzeugung,
Sant: Solarenergie-Anteil an der Stromerzeugung,
SEoA: jahresdurchschnittliche Speicherentnahme ohne kontinentalen Ausgleich,
SEmA: jahresdurchschnittliche Speicherentnahme mit kontinentalem Ausgleich durch Stromexport und Import bei Anwendung von Exportpriorität,
Gewinn: Reduzierung des Speicherbedarfs durch die Einbindung in das kontinentale Netzwerk.

Pos	SZB	VAnt	WAnt	SAnt	SEoA	SEmA	Gewinn
40	PT-(05|09) <> Lis	1,52%	69%	31%	62,3	14,8	76,2%
23	GR-(35|06) <> Ath	1,64%	69%	31%	64,8	15,6	76,0%
28	IT-(28|09) <> Rom	3,82%	65%	35%	68,5	20,4	70,3%
7	CY-(38|04) <> Ath	0,14%	69%	31%	68,7	14,5	78,9%
19	FR-(12|19) <> Par	4,38%	74%	26%	68,8	23,0	66,6%
20	FR-(16|18) <> Lyo	4,00%	74%	26%	69,1	24,4	64,7%
27	IT-(27|05) <> Pal	2,00%	65%	35%	69,3	21,1	69,5%
50	UK-(11|22) <> Bir	4,00%	69%	31%	69,6	23,3	66,5%
48	UK-(15|25) <> Lon	4,00%	69%	31%	70,8	25,9	63,4%
11	DE-(22|21) <> Fra	4,00%	71%	29%	71,0	28,7	59,6%
8	CZ-(28|20) <> Pra	1,89%	71%	29%	71,3	23,8	66,6%
17	ES-(09|06) <> Gib	2,00%	66%	34%	71,5	18,9	73,6%
2	AT-(27|19) <> Wie	1,99%	69%	31%	71,7	24,5	65,8%
21	FR-(17|15) <> Tou	3,00%	71%	29%	71,9	23,8	66,8%
16	ES-(06|14) <> Mad	2,97%	67%	33%	72,1	21,0	70,8%
39	PL-(30|23) <> War	2,00%	73%	27%	72,2	22,5	68,9%
1	AL-(32|10) <> Tir	0,10%	67%	33%	72,3	17,3	76,0%
32	LU-(20|20) <> Lux	0,19%	71%	29%	72,4	28,8	60,3%
13	DK-(22|28) <> Kob	1,05%	71%	29%	72,4	23,8	67,2%
10	DE-(24|23) <> Ber	4,00%	71%	29%	72,5	27,3	62,3%
4	BE-(18|22) <> Bru	2,60%	70%	30%	72,6	28,1	61,3%
49	UK-(14|30) <> Edi	3,62%	69%	31%	72,8	21,1	71,0%

Tabelle E.2. Fortsetzung

Pos	SZB	VAnt	WAnt	SAnt	SEoA	SEmA	Gewinn
9	DE-(22|26) <> Ham	4,21%	71%	29%	72,8	26,5	63,6%
36	NL-(19|24) <> Ams	3,50%	70%	30%	72,8	28,1	61,4%
15	ES-(15|11) <> Bar	3,00%	65%	35%	72,9	24,3	66,6%
29	IT-(22|08) <> Cag	2,00%	63%	37%	73,0	23,0	68,5%
42	RO-(38|15) <> Buc	1,00%	73%	27%	73,2	18,6	74,6%
47	SK-(31|20) <> Bra	0,80%	72%	28%	73,6	21,9	70,3%
26	IE-(09|27) <> Dub	0,78%	69%	31%	73,7	19,8	73,2%
43	RS-(32|14) <> Beo	1,13%	73%	27%	73,8	20,3	72,6%
5	BG-(36|12) <> Sof	1,00%	72%	28%	74,0	17,1	76,9%
22	FR-(19|13) <> Mar	3,00%	69%	31%	74,2	24,1	67,6%
3	BA-(29|13) <> Sar	0,34%	67%	33%	74,3	20,8	72,1%
34	ME-(32|10) <> Pod	0,13%	72%	28%	74,3	18,3	75,4%
12	DE-(23|18) <> Mun	4,00%	69%	31%	74,5	27,3	63,4%
46	SI-(27|16) <> Lju	0,37%	67%	33%	74,5	22,4	69,9%
25	HU-(30|17) <> Bud	1,13%	69%	31%	74,8	23,7	68,3%
35	MK-(32|10) <> Sko	0,25%	72%	28%	74,9	18,0	76,0%
38	PL-(28|26) <> Gda	2,16%	73%	27%	75,1	23,7	68,5%
30	IT-(21|14) <> Mil	2,00%	65%	35%	75,1	23,8	68,3%
14	EE-(32|32) <> Tal	0,23%	75%	25%	75,2	17,0	77,4%
33	LV-(30|30) <> Rig	0,22%	74%	26%	75,9	19,5	74,3%
31	LT-(32|28) <> Vil	0,33%	75%	25%	76,3	20,5	73,1%
24	HR-(29|13) <> Zag	0,52%	68%	32%	76,4	21,6	71,8%
44	SE-(28|30) <> Sto	2,19%	74%	26%	77,1	20,4	73,5%
41	RO-(35|18) <> Buc	0,61%	71%	29%	78,5	20,6	73,8%
18	FI-(31|36) <> Hel	2,53%	77%	23%	78,5	17,3	78,0%
6	CH-(20|16) <> Zur	1,87%	73%	27%	78,5	26,2	66,6%
45	SE-(24|31) <> Got	2,00%	73%	27%	78,5	20,7	73,7%
37	NO-(20|33) <> Osl	3,75%	74%	26%	83,0	21,4	74,3%

Sachverzeichnis

A

Abschaltung 92
Agrarfläche 46, 79
Akkumulatoren 56
Akzeptanz 105, 138
Anemos 7
Anlagenmix 138
Anreiz-Systeme 134
Anteilskombination 126
Anteilsoptimierung 125
Aufwindkraftwerk 39
Ausgleichsbedarf 133
Ausgleichskraftwerke 76

B

Batterien 56
Bedarfsdeckung 124
bedarfsgerecht 74
Bedarfslast 70
Benutzungsgrad 15, 17, 38, 67, 77, 78, 89, 98, 134
Berechnungsverfahren 138
Betz 9
Biomasse 35, 67, 79
Bodenfläche 79
Bodenflächenbedarf 79

D

Dachflächen 27
Dezentralität 134
Direktstrombedarf 59
Druckluftkavernenspeicher 54
Druckluftspeicherkraftwerke 40
durchschnittsbezogene Leistung 147
Durchschnittsleistung 17, 23, 74, 147
Durchschnittsleistungsabweichung 11

E

Eigenbedarf 57
Eigenproduktion 57
Einflussfaktoren 138
Einlagerungsdauer 109
Einspeiseverhalten 133
Elektroenergieumsatz 109
Energie Infrastruktur 139
Energieausbeute 17
Energiespeicher 40
Energieumsatz 94, 101, 103, 118, 130

Energieumsatzklassierung 95, 120, 121, 124, 134
Erdgasinfrastruktur 118
Erdgasnetz 118
Erdwärme 37, 39
Erzeugungsreserve 77, 83, 111, 114, 118, 128, 135, 137
Erzeugungsspitzen 67
ETSO 3, 62, 114
Export 61
Exportangebot 57
Exportleistung 92
Exportpriorität 60, 119, 122, 128, 134, 137
Extremwerte 74

F

Fallwindkraftwerke 40
Fernübertragung 61, 63, 137
Fernübertragungsleistung 111, 112, 113, 122
Fernübertragungsleitungen 92
Fernübertragungswirkungsgrad 129
Fläche der Bundesrepublik Deutschland 45
Flächenbedarf 67, 79
Förderung 138
Fotovoltaik 24, 30
Fremdenergie 128
Fremdstromproduktion 74

G

Gaskraftwerkspark 118
Gebirgsspeicher 53
Genehmigung 138
Generatorleistung 17
Geothermie 39
Gesamtaufwand 129
Geschwindigkeitsklassen 15
Gezeitenenergie 38
Gezeitenkraftwerke 38
Globalstrahlung 25
Goldisthal 44
Grenzkombination 106
Grundlastkraftwerke 67
Grundszenarien 87, 135

H

Häufigkeitsverteilung 77, 80

Sachverzeichnis

HDÜ 63
HGÜ 62

I

Import 61
Infrastrukturbedarf 98
Investitionen 111
Iterationsverfahren 106

J

Jahresdurchschnittsleistung 33

K

Kapazitätsbedarf 125
Kennlinienauslegung 17
Kombination 35, 105, 117, 125, 134, 135
komplementärer Kraftwerkspark 67
Kostenannahmen 138
Kostenoptimum 105

L

Ladeleistung 90, 111
Ladung 11, 147
Ladungsabweichung 11, 12, 20, 23, 31,
    32, 38, 133, 148
Ladungsabweichungskurve 149
Langzeitdurchschnitt 11
Langzeitspeicher 41
Lastausgleich 74
Lastspitze 90
Laufwasserkraftwerke 37
Leistungsbeiwert 9
Leistungsdiagramm 10
Leistungsinfrastruktur 128
Leistungskennlinie 9
Leistungsklassierungen 93, 134
Leistungsspitzen 80
Leistungsverteilung 78

M

Markersbach 53
Meereswellen 38
Methan 118
Minimierung 125, 137
Minimierungsüberlegungen 105
mittelwertbezogene Leistung 147
mittlere Windgeschwindigkeit 7
Modellkennlinie 10
Monatsmittelwerte 73

N

Nachfragespitzen 135

Nennleistung 10, 67
Nennleistungswindgeschwindigkeit 17
nicht nutzbare Überproduktion 74

O

optimale Anteilskombination 106
Optimierung 125, 137
Optimierungsziel 105

P

Peakleistung 25, 80
Prioritätenregelung 112
Prioritätsregeln 57
Prioritätsregelung 60
Pumpspeicherkraftwerke 40, 42

R

Regelungseingriffe 92
Reserveleistung 118
Ringwallspeicher 46, 134

S

Satel-Light 25
Selbstentladung 56
Simulationsläufe 112
Solarenergie 90, 135
Solarenergieeinspeisung 31
Solarstromaufkommen 92
Solarstromeinspeisung 24
Solarstromgewinnung 30
Solarstrom-Szenario 74
solarthermisch 30
Sonnenenergie 24
Speicherbedarf 92, 106, 124, 133, 135
Speicherdurchsatz 126
Speicherentnahmen 125
Speicherkapazität 40, 113, 118, 126
Speicherkapazitätsbedarf 90, 130
Speicherkapazitätskosten 118
Speicherkraftwerke 40
Speicherladeleistung 90, 112, 113, 118
Speicherleerung 87, 125
Speicherleerungskurve 99, 121
Speicherleerungskurven 124, 134
Speichermedium 118
Speicherpriorität 58, 119, 134
Speichertechnologien 118
Speicherverluste 83
Speicherwirkungsgrad 84, 118, 124
Spitzenlastkraftwerke 79
Starkwindsituationen 67
Strombedarf 3

Stromversorgung 135
Synergien 139
Szenarien 115, 128
Szenario 67

T

Tagesladung 11, 147
Temperaturabhängigkeit 32
totale Windleistung 9
Transportverluste 63

U

Übertragungskapazitäten 114
Übertragungswirkungsgrad 63
Umwandlungsverluste 63
UTCE-Berichte 3

V

verbrauchsanteilgewichtet 73
Versorgungsaufgabe 67, 84
Versorgungssicherheit 134
vertikale Last 3
Verweildauer 109
Verweilzeit 103, 134

volkswirtschaftlich vorteilhafte Stromversorgung 138

W

Wärmespeicher 41
Wasserenergie 37
Wasserstoffspeicher 40, 105
Wasserstofftechnologie 55
Wellenkraftwerke 38
Windatlas 6, 7
Windenergie 5, 135
Windenergieanteil 67
Windenergiedargebot 18
Windenergieeinspeisung 5
Windenergieszenarien 87
Windgeschwindigkeit 7
Windstromeinspeisung 67
Wirkungsgrad 30, 42, 54, 55, 56, 61
Wirkungsgradverlust 83, 105, 120
wirtschaftliches Optimum 138

Z

Zeitreihe 3, 7, 84
Zeitverschiebung 101
Zielgröße 137